U0378382

多云的宇宙

物理学未解的七朵"乌云"

言ってはいけない宇宙論

物理学7大タブー

［日］小谷太郎◎著　　范丹◎译

北京时代华文书局

图书在版编目（CIP）数据

多云的宇宙 ：物理学未解的七朵"乌云" /（日）小谷太郎著 ；范丹译.
一北京 ：北京时代华文书局，2019. 11（2020.6 重印）
ISBN 978-7-5699-3200-3

Ⅰ . ①多… Ⅱ . ①小… ②范… Ⅲ . ①物理学—普及读物 Ⅳ . ① 04-49

中国版本图书馆 CIP 数据核字（2019）第 205594 号

北京市版权著作权合同登记号　　字：01-2018-5105 号

ITTEWA1KENAI UCHURON
by TARO KOTANI
Copyright © 2018 TARO KOTANI
Original Japanese edition published by GENTOSHA INC.
All rights reserved.
Chinese (in simp1ified character only) translation copyright © 2000 by Beijing
Time-Chinese Publishing House Co., Ltd.
Chinese(in simplified character only) translation rights arranged with
GENTOSHA INC. through Bardon — Chinese Media Agency, Taipei.

多云的宇宙：物理学未解的七朵"乌云"
DUOYUN DE YUZHOU WULI XUE WEI JIE DE QI DUO WUYUN

著　　者 |（日）小谷太郎
译　　者 | 范 丹

出 版 人 | 陈 涛
责任编辑 | 周 磊　余荣才
装帧设计 | 李尘工作室　赵芝英
责任印制 | 刘 银

出版发行 | 北京时代华文书局 http://www.bjsdsj.com.cn
　　　　　北京市东城区安定门外大街 138 号皇城国际大厦 A 座 8 楼
　　　　　邮编：100011　电话：010-64267955　64267677
印　　刷 | 三河市兴博印务有限公司　0316-5166530
　　　　　（如发现印装质量问题，请与印刷厂联系调换）
开　　本 | 710mm×1000mm　1/16　印　张 | 12　字　数 | 150 千字
版　　次 | 2020 年 3 月第 1 版　印　次 | 2020 年 6 月第 2 次印刷
书　　号 | ISBN 978-7-5699-3200-3
定　　价 | 48.00 元

前言

物理学和化学通常带给人的印象是冷静、理性和远离世俗的。

遵循严密的逻辑理论，追究事物原理，通过数据与计算引导出结论，即使这种结论违背常理和预期，也会被当作宇宙法则接受。科学家大多都会给人留下这样的印象。

然而，人类所研究的科学实际上并不都是如此完美的。

有时，新人的正确主张会遭到顽固权威的否定，也会出现与冷静、理性无关的相互指责。但正是这些也许谈不上理性的争论推动了科学进步，因为科学的道路上不会永远一帆风顺。

本书的主题是宇宙论和量子力学等现代物理学中存在的未解决问题，将介绍各种（有时候会）令研究者们吵得面红耳赤、拍桌怒吼的论点，并借此指出具有代表性的现代物理学问题点，以研究其根本问题为基础进行简明易懂的解说。

物理学几乎能够解释从微观粒子到宏观天体现象的所有事物构成，是一门获得过无数丰硕成果的体系。但事实上，在构成其基础的重要部分中仍存在知识空白，也有一些东西还无法整理成理论。如何填补这一空白，目前还不得而知。

·具有连光都无法逃脱的超强引力的天体——"黑洞"。这一概念最早被提出时，天文学者曾对其又怕又憎。那么黑洞在最后时刻会爆炸这一说法是不是真的呢？

·"量子力学"作为微观物体的物理学法则，它在创始期曾被指出基本原理中仍有不完善的部分，但其解决方案一直拖延至今，已经近一个世纪了。

虽然我们在日常生活中经常使用量子力学的应用产品，但其实并不清楚这些产品是如何运作的。

·宇宙空间中充满了被称作"暗物质"（Dark Matter）的不明正体的"物质"，近年来又出现了名为"暗能量"（Dark Energy）的不可知存在。现在宇宙的95%都还是一个谜。

如果这些新的成分继续被发现，"宇宙标准论"将受到质疑，那么我们是否还能将其视作是真正的标准呢？我们对宇宙的理解是否在某些地方仍有不足呢？

也许这些问题是现代物理学出现漏洞的前兆，也许有的问题只能等从头审视物理学的基础之后才能解决。

现代物理学可能有漏洞，这个想法令人振奋，并且多数研究者也认同这一观点。

各位是否也期待某一天，我们能在打破物理学基础的同时解决这些问题呢？

目录

CONTENTS

乌云三 **埃弗莱特的多宇宙理论**

乌云六　量子力学

乌云一

质子衰变论

基本粒子的"大统一理论"是极富盛名的理论，它认为质子是有寿命的，在很长时间之后将会衰变成其他粒子。

但为了观测这一衰变而建造的实验装置，在远超理论家预言的漫长时间里都没有观测到质子衰变现象（反而分析了来自超新星的中微子，从而诞生了中微子天文学这一新领域）。

那么，现在的理论是正确的吗?

探寻支配基本粒子界的规则

终极的基本粒子的条件

我们身边的物体、我们自己的身体、太阳和月亮等，这个世界上所有物质都是分子、原子这些微观粒子的集合体。

原子是由中心的原子核和围绕在原子核周围的电子所构成。原子核是由质子与中子的微粒融合而成。质子与中子则是由名为"夸克"的粒子构成。虽然一个接一个的物理用语可能会让人应接不暇，不过如果无视研究的顺序和年代来试着描绘微观世界的话，大致上如图1-1所示。

自然界中这些微观的小团体是否是无界限、无秩序的呢？是否有支配他们的统一法则呢？思考这些并对其进行分类是人类的习性。在19世纪，人类对多种元素进行了成功分类并制成了周期表。

20世纪初首先明确的是，原本被视作创造物质的基本粒子的原子，其实并不是基本粒子。

原子由原子核与电子构成，而原子核由质子与中子聚集而成。给予原子一定的撞击的话，电子会四散分离。给予原子核更强的撞击或将其放置于自然界中，发现原子核也会分崩离析。

这样一来，我们就得到了分辨什么是基本粒子的提示，即如果其分裂部分还能分解，就不是基本粒子。

无法再做任何分解的粒子就是终极的基本粒子。

而由各部分构成的复合粒子也是有大小的。由于它由多个部分构成，所以各部分之间必然有间隔，从而产生了架构，当然就不可能不可见。

如果是大小和架构都不可见，呈完全点状的粒子，那它就有可能是基本粒子。

6种夸克与6种轻子

通过摧毁微观粒子，对其部分和构造进行调查得知，质子与中子属于复合粒子。质子与中子都是由3个名为"夸克"的基本粒子构成。

将电子称作基本粒子其实更为合适。

图 1-1 微观的世界

质子与中子是由"下夸克"（down quark）与"上夸克"（up quark）这两种夸克构成，除此之外，夸克还有其他种类，包括"奇异夸克"（strange quarks）、"粲夸克"（charm quark）、"底夸克"（bottom quark）、"顶夸克"（top quark）。

这6种夸克被分类为基本粒子而非复合粒子（实际上，夸克有3种不同量的"色荷"，3×6=18种，这里暂不做介绍）。

基本粒子的数量看似增多了，但我们开始探寻基本粒子的原因是期待能用少数的基本粒子来解释复合粒子。

不过与复合粒子的总数相比，6种夸克仍算少数。将6种夸克排列组合，能创造56种以上的"核子"。核子是质子与中子的总称。

事实上，如果提高粒子加速器的能量，可以创造几十、上百种核子，而这种看似混乱的状况能用6种夸克清楚地说明。

要介绍2017年以来的基本粒子（见图1-2），就必须列出部分粒子名称。由于为这些粒子命名的研究者都是凭个人喜好取名，所以先请各位稍微熟悉一下这些无秩序且陌生的粒子名称。

与电子同等的基本粒子已经被发现，它们是"μ子"和"τ子"。这些粒子与电子一样带有电荷。

去除电子、μ子、τ子中的电荷后，发现它们含有中性的基本粒子，也就是"电子中微子""μ子中微子""τ子中微子"这三种粒子。如果将电荷所伴随的质量去掉的话，3种中微子的质量几乎为零。

3种中微子和带电荷的电子、μ子、τ子共6种被统称为"轻子"。

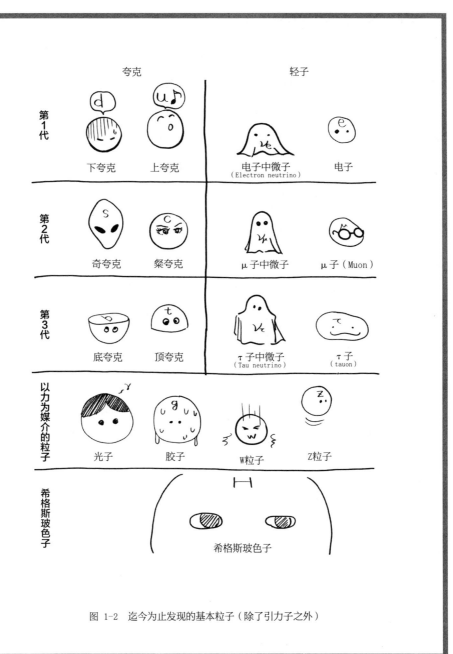

图 1-2　迄今为止发现的基本粒子（除了引力子之外）

5种媒介粒子与希格斯玻色子

夸克和轻子这些基本粒子之间有电磁力和引力的相互作用。比如，在原子核内部有极短距离运作的核力和能将电子变为电中微子的奇妙力场。

基本粒子之间存在着以这种作用力为媒介的粒子。产生力的时候，该媒介粒子也在活跃，这就是基本粒子理论的思维。比如，当电子与夸克之间有电磁力相互作用时，我们认为是电磁力的媒介粒子在电子与夸克之间来回跃动。

以电磁力为媒介的粒子是"光子"。一般对于光子的说明是光（电磁波）所放射的粒子，其实它与以电磁力为媒介的粒子是同一种粒子。光子会在放射电磁波或电磁力作用时活跃。

以引力为媒介的粒子被简明易懂地称为"引力子"。目前对它还没有进行观测性的研究，因为2015年才发现引力波。虽然大部分研究者都认为引力子是存在的，但至今还没有观测性的证据。因为尚未有证据佐证，所以并没有将其放入图1-2中。

作用于原子核内的核子之间稳定原子核的核力是以"胶子"（gluon）这一粒子作为媒介。"glu"含有"黏胶"的意思，以此将粘接核子的粒子命名为胶子。

在中微子之间作用的力还有"弱力"。弱力这一名称的含义本身就比较模糊，要问是和什么相比较弱的话，实是指与核力相比，它是较弱的力。核力也被称作"强力"。以强力为媒介的有"W粒子"和"Z粒子"这两种粒子。

以上5种媒介粒子都被视作基本粒子。

最近又有新的基本粒子被发现，它就是"希格斯玻色子"。希格斯玻色子作用于W粒子和Z粒子，并给予它们质量。

基本粒子的大统一理论

这些就是如今（除引力子之外）已经通过实验确认的基本粒子，也就是目前已发现的基本粒子：6种夸克、6种轻子，以它们之间的力为媒介的5种粒子，带来质量的希格斯玻色子，以上粒子构成了图1-2（深入说明的话，这些粒子几乎都存在反粒子，不过这里并没有写入图中）。

解释这些基本粒子之间运作的力和通过基本粒子的结合能构成怎样的复合粒子的理论现在已经基本成型，也就是基本粒子的"大统一理论"。

大统一理论认为，构成原子核的质子与中子具有平均寿命，会在一定时间后衰变。

神冈探测器的忧郁

获得诺贝尔奖的可爱的"神冈探测器"

基本粒子是难以用大小来描述的极微小粒子，但人类为了发现和寻找它们，建造了无数个巨大的实验装置。位于法国与瑞士国境线上的世界最大粒子加速器LHC的周长达27千米。

与这个世界巨人相比，位于崎阜县神冈矿山地下的"神冈探测器"的规模可以称得上是小得可爱了。其本体是直径15.6米，高16米的容器，能装3 000吨水。

但这个可爱的神冈探测器及其扩大版——"超级神冈探测器"在2017年获得了两个诺贝尔物理学奖，是非常先进的基本粒子实验装置（超级神冈探测器的储水器容量为5万吨，更为大型）。

神冈探测器以独特的手段探索基本粒子的物理领域，共有1 000个光检测器在静静地等待着存放在黑暗地下的水发光的那一刻。

水是氧气和氢气的化合物。一个水分子由一个氧原子和两个氢原子构成，而原子是由质子、电子和中子这些粒子汇集而成。因此，3 000吨水约含10^{33}个质子、电子和中子。这是极其庞大的数字了。

如此庞大数字的粒子之中，如果有某一个发生了某种变异的话，由于基本粒子的变异大多都是会发射出光，所以1 000个光检测器就能感知它所放出的光。通过检测器给出的信号，我们能了解该粒子的种类、能量和速度，从而（在一定概率上）得知这究竟是人类已经了解的基本粒子反应，还是第一次发现的特殊反应。

这个利用储水器与光检测器的简单装置就是可爱的神冈探测器（以及超级神冈探测器）。

能估算质子寿命的装置

大统一理论预言，质子和中子等核子的寿命约为10^{30}年到10^{34}年，之后将会衰变，转变为电子或"π粒子"等。

这种衰变反应极其罕见，我们在日常情况下不会注意到，也是至今任何基本粒子实验和辐射线测定中都没有检测到的罕见现象。若非如此的话，由质子和中子构成的我们的身体，恐怕早就因发出辐射线而毁灭了。

如果质子的寿命是10^{34}年，那么要观测一个核子直至它衰变，也必须得花费10^{34}年。地球自诞生以来共46亿年，宇宙从开始到现在据说也只有138亿年，质子的寿命显然要长得多。简单来说，就是质子的年龄是宇宙年龄一万亿倍的万亿倍。即使我们从宇宙诞生时就观测质子，也无法知道它是否会衰变。

但如果同时观测10^{33}个质子的话，情况就不一样了。只要保持观测这个数字1年，那么，有1个以上质子出现衰变的概率为10%，5年就是50%。如果质子的寿命是10^{30}年，那么只要持续观测1年就有95%的概率能看到质子的衰变。

换句话说，只要准备数量足够庞大的核子就能观测到极其罕见的核子衰变现象。

神冈探测器（KamiokaNDE）名称中的"NDE"的意思就是"核子衰变实验"（Nucleon Decay Experiment）。

严密监测3 000吨水

由于神冈探测器会受到来自宇宙的粒子——"宇宙射线"的影响，所以利用神冈矿山的废矿井，在地下1千米处建造了储水器。储水器的内壁安装了约1 000个由滨松光子学股份公司制造的光学传感器，里面装满了纯水。

神冈探测器从1986年开始运作，自那以后人们一直严密监视着水的光反应（实际上该实验于1983年就已经开始，但装置升级的神冈探测器是1986年才开始运作）。

在没有光线的地下1千米的矿井中，虽然人的眼睛所看到的是一片漆黑，但敏锐的光学传感器能准确捕捉到光子并发出信号。只不过大多数都是被称作噪音的无意义信号。

去除噪音后，还是有部分粒子在通过储水器时发生了反应。这些高能量的粒子约以每2秒1次的频率通过储水器，在光传感器上留下了痕迹。如果这些都是质子衰变所产生的粒子反应的话，确实会令人振奋，但遗憾的是全都与质子衰变无关。

这些高能量粒子大多是μ子和地下放射性物质所产生的辐射线。

从宇宙而来的"宇宙射线"与地球大气发生碰撞后产生μ子，然后如同暴雨一般降落地表，我们日日夜夜都沐浴其中。虽然落到地下1千米的μ子较少，但每两秒也有1个左右被神冈探测器捕捉到。

除了μ子和辐射线的信号之外，中微子与储水器内的电子或核子发生反应后也会留下信号。中微子质量接近零，无电荷，反应性低，是很容易穿过地球的粒子。每1秒有约1万亿个中微子穿透我们的身体。

中微子的来源多种多样，有从太阳内部生成后飞向地球的，也有从附近的原子反应堆产生后到达神冈矿山的，也有宇宙射线与地球大气发生反应后产生的，还有从宇宙某处超新星爆发中生成的，等等。

穿过神冈探测器和我们身体的中微子数量极其庞大，但与10^{30}个核子中的某个发生反应并被检测到的数量则极其稀少，每一两天只有1个左右。

根据神冈探测器的测定显示，从太阳飞到地球的中微子只有我们所预想的太阳核融合反应量的三分之一左右。这意味着什么呢？（后文将会介绍，这是名为"中微子振荡"的新物理现象的表现。）

也许大统一理论是错误的

中微子的反应暂且不提，神冈探测器其本来目的是探测质子的衰变。

去除噪音，不管μ子的反应，再去掉中微子反应，剩下的就应该是质子衰变反应了。

但与大统一理论的预测相反，人们并没有检测到这种反应。

虽然偶尔能发现难以判断究竟是质子衰变还是中微子反应等已知反应的信号，但即使将其视作质子衰变，也不满足理论的预想值。

学会和研究会经常提交各种报告称，检测出了有可能解释为质子衰变的信号，但事实上并没有发现能切实判定为质子衰变的信号。每次神冈探测器的新结果投放到大屏幕上后人们就发现，这次还是遗憾的结果，于是整个会场都充满了消极的氛围。[说个小插曲。当时还没有微软公司的幻灯片软件（PowerPoint），学会发表演示所使用的是被称作"透明板"（transparent sheet）的透明薄板，利用"高射投影仪"这一装置在屏幕上投影。透明板大多是手写的，有些制作者的字迹很难辨认。]

1986年，检测装置升级后改名为神冈探测器二代，（相关人士表示）检测效率提高，所得结果的精确度也上升了，但依旧没有检测出质子衰变。

不仅没能检测出质子衰变，原本应该检测到的太阳中微子也很稀少，这与世界上其他的中微子实验一样。

这个装置是正确的吗？是否哪处线路出了问题？是否解析程序隐藏着漏洞（BUG）？

如果装置存在设计缺陷的话，自然要承担起浪费相应科研经费的责任（虽然神冈探测器的建造费用与其他巨大装置相比要少得多）。

但工作团队对装置及其运算进行了反复检查后并没有发现问题。

既然装置没错，那么错的难道是大统一理论本身吗？难道质子的寿命长于10^{30}到10^{34}年吗？

假设质子的寿命比我们预想的更长，假如超出了大统一理论，要问会有谁为此头疼的话，答案是没有人会为此头疼。因为基本粒子的研究者或理论家可以对理论进行修正，解释质子的超长寿命。

如果可以证明理论是错误的，也就意味着这方面的实验获得了成功。对于被称作是实验家的研究者而言，颠覆理论的实验比证明理论正确的实验更有趣。

就这样，神冈探测器在全世界研究者的关注中继续运作，缓缓地延长着质子的寿命。

这时，却从宇宙传来了证明神冈探测器数据是正确的信号。

超新星1987A

神冈探测器的数据震惊世界

距今16万年以前，属于大麦哲伦云的一颗与等星发生了超新星爆炸。

所谓超新星爆炸，是指质量较大的恒星在寿命将尽时所发生的宇宙最大规模爆炸，其亮度是太阳的100亿倍。也可以将这种现象略称为"超新星"。

超新星爆炸是恒星的终结，同时也意味着中子星这一特殊星体的诞生。

在核融合反应的光芒中，质量较大的恒星会以不产生核融合反应的铁元素为中心聚集，当铁块超越一定界限的量之后，就会瞬间崩溃变为超高密度物质。当恒星中心部位的铁块变成超高密度物质时，其冲击会让恒星的外层爆发性地飞向宇宙空间，这就是（引力崩溃型）超新星爆炸的机制。

爆炸后留下了高密度物质。这种质量比太阳更大，半径却仅有10千米左右的超高密度物质被称作中子星（中子星进一步坍缩则可能变成黑洞）。

16万年以前的超新星爆炸产生了大量的光和热，同时也辐射出了中微子，因为铁块崩溃并变为超高密度物质时的反应会产生中微子。

光和中微子以（接近）光速在宇宙空间散开，经过16万年才到达地球。

光之中极小的比例偶尔会出现在观测大麦哲伦云的望远镜中，让焦点面的胶卷感光，或者进入监视目镜的人类眼中，刺激人的视觉细胞，从而发现大麦哲伦云的异变。1987年2月23日（协调世界时）就是载入科学史的一页。

大麦哲伦云在16万年前的超新星爆炸很快就广为人知（也就是被称作天文学家或天文爱好者的人群），并被命名为"超新星1987A"。

从浩瀚的宇宙尺度来看，距离16万光年的大麦哲伦云其实离我们很近，在宇宙中最多算是后院罢了。在这个后院发生超新星爆炸则是每50年到100年发生一次的罕见情况——对于天文学家来说，一生能遇见一次实属幸运。

而这100年，是观测装置日益进步的100年。巨大的光学望远镜、电子望远镜、搭载在人工卫星上的X射线望远镜等最新观测装置都在等待着百年一遇的机会。所有观测装置都指向超新星1987A，开始贪婪地读取数据。（但大麦哲伦云位于南半球星空，许多北半球的天文台难以观测。）

在这些观测装置中，最独树一帜的就是位于地下1千米的神冈探测器。调取它2月23日7点35分35秒起的13秒内的记录发现，有11到12个中微子从大麦哲伦云飞来并在储水器中发生了反应。

这是震惊全世界的巨大发现。

中微子天文学的诞生

无论是远端还是近邻，至今为止对超新星观测都是利用可视辐射和电波等电磁波。不仅限于超新星，几乎所有的天体现象都是利用电磁波来进行研究。因此利用中微子这种与电磁波截然不同的基本粒子来捕捉超新星爆炸，这件事本身就足以令人震惊。

神冈探测器发现（16万年前）超新星爆炸发生于1987年2月23日7点35分35秒，这是可视辐射等类型的望远镜不可能得到的情报。射电望远镜只能观测到超新星爆炸的外层，但中微子确实从更深处的爆炸核心的超高密度物质中辐射出来的。通过观测中微子就能了解电磁波所难以企及的爆炸中心，这又是令人震惊的第二点。

监测到中微子证明了（引力崩溃型）超新星爆炸确实是源于中子星的形成。虽然中子星的形成引起超新星爆炸在理论上一直被认为是正确的，但难以从观测中证明，而超新星1987A则证明了该理论机制是不容异议的。

这也可以称之为中微子天文学的开端，神冈探测器就是中微子望远镜。

被巧妙更改的"ND"的意义

检测出来自超新星1987A的中微子后，神冈探测器不再拘泥于预算，开始了后继机器的建造。储水器容量增至5万吨，光学传感器也增加至1.3万个，并于1996年开始运作。

超级神冈探测器（Super-Kamiokande）中"ND"的意思已做了少许改动，变为"核子衰变实验"（Nucleon Decay Experiment）的缩写，且附加了"中微子检测装置"（Neutrino Detection Experiment）的意思。这一更改确实非常巧妙。

神冈探测器制作者和超级神冈探测器观测者都获得了诺贝尔奖，可谓是高性能的诺贝尔奖生产装置。来自超新星1987A的中微子让制作神冈探测器的东京大学名誉教授小柴昌俊（1926—）获得了2002年的诺贝尔物理学奖，当时他与另一位中微子检测器的开发者雷蒙德·戴维斯（1914—2005）共同获奖。

超级神冈探测器则由于捕捉到了中微子震荡这一现象，东京大学教授梶田隆章（1959—）凭借此成果获得诺贝尔物理学家。

中微子震荡

中微子包括电子中微子、μ子中微子、τ子中微子这三种。

太阳的核融合反应，或者宇宙射线与大气之间的反应，或者原子反应堆的核反应均会形成近乎光速飞散的电中微子。这种电子中微子在飞散的过程中会形成μ子中微子，还有极少比例会变成τ子中微子。

这就是名为"中微子震荡"的现象，也是中微子具有质量的证据。只有中微子的质量不为零时，才会发生中微子震荡。

电子中微子和μ子中微子中有一部分会被神冈探测器这类的检测装置检测出来。电子中微子在飞散的过程中变为μ子中微子后就很难被检测装置捕捉，因此被检测出的数量骤减。

这一现象在超新星1987A之前就已经广为人知，但究竟是中微子震荡所造成的，还是别的什么物理现象，或者是神冈探测器的检测能力有问题，其原因众说纷纭。

自从成功检测出来自超新星1987A的中微子之后，显然排除了检测装置的问题，原因就得从中微子方面去寻找了。

随后，超级神冈探测器证明了正确的原因是中微子震荡说，这也是梶田教授获得诺贝尔奖的理由。

质子衰变是如何形成的？

对中微子的研究连续让两人获得了诺贝尔奖，很容易让人误以为神冈探测器和超级神冈探测器是为了检测中微子而制造的。实际上，它最初的目的是用于研究质子衰变是如何形成的。

最初的大统一理论认为质子寿命为10^{30}到10^{34}年，且质子没有质量。但现在我们已经知道，这种设想是错误的。

超级神冈探测器凭借其高性能测定了质子寿命，得到的数值是高于10^{34}年。

这并不能说大统一理论本身是错的。在大统一理论中补充"超对称性"，加入"希格斯机制"，进行一系列修正后，依然可以沿用其理论（限于篇幅，本书对此不进行详细介绍）。

修正之后的大统一理论所得出的新预测给质子的寿命增加了位数，不使用超级神冈探测器之后的超高级神冈探测器的话，很难进行验证。换言之，短时间内我们将无法否定或证明大统一理论。

基本粒子物理学就是这种人们各执一词，既自圆其说又复杂的理论。

黑洞大爆炸

黑洞这种奇妙的"存在"被认为是凭借强大的引力吸入一切的宇宙洞穴。

黑洞来源于阿尔伯特·爱因斯坦（1879—1955）的相对论，但由于过于奇妙，一开始被当作不切实际的空谈。

剑桥大学教授斯蒂芬·霍金（1942—2018）针对黑洞提出了爆炸性的新说法，即本应该能吸入一切的黑洞会逐渐压缩，最后发生爆炸。

这是真的吗？研究者就像发现蜜糖的蚂蚁一样围绕着新学说展开了激烈的讨论，并发现了深刻的问题。如果黑洞会爆炸，那么黑洞内信息丢失的同时，熵也会消失。

熵是什么？为什么它的消失会带来麻烦？黑洞最终真的会爆炸吗？

发现奇妙的天体

开端是相对论

爱因斯坦在各领域都名留青史，但最有名的还是相对论。他于1905年发表了狭义相对论，又在10年后发表了广义相对论，两者被合称为相对论，也就是现在最正确地记述时间、空间与引力的物理学理论（不过，判定它不够全面也是本书的主题之一。）

相对论本身就是奇妙的理论，它所述的黑洞则是其中最不可思议的东西。相对论很快就被人接受了，但相对论所预言的黑洞被研究者们厌恶和否定，直到有相关证据之后才勉为其难地认可了它。

爱因斯坦认为，我们生活中的时间与空间（合称为"时空"）是时而伸展、时而收缩，具有延展性的东西。

也许你会认为具有延展性的时间与空间前所未见，但时空的伸缩其实很简单，只要有质量，它就能扭曲周围的时间，拉伸空间。

比如，地球就是一个巨大的质量。时空的伸缩虽然很难用画来表现，但一定要表现出来的话则如图2-1所示。由于质量附近的时间会缓慢加速，如果在地球表面放置计时器的话，经过计算会发现，与质量的影响为零的情况相比加速了一亿分之八左右。放在不受地球影响的远处的计时器前进一秒，放在地球表面的计时器则前进一秒加一亿分之八秒左右。

并且由于地球周围的空间也会延伸，因此如果牵一根长长的渔线从月球轨道到地球表面的话，除了月球与地球之间本身的长度之外，还需要额外增加约20厘米的渔线。

如果有物体横穿过具有伸缩性的时空，那么原本笔直的轨道会出现歪斜。月球是以弯曲的轨道绕着地球飞行，苹果或球体的轨道也是以抛物线落向地面。这就是所谓的引力，也是爱因斯坦的主张。

换句话说，物体受引力吸引就是在质量的影响下，处于伸缩时空中的物体的

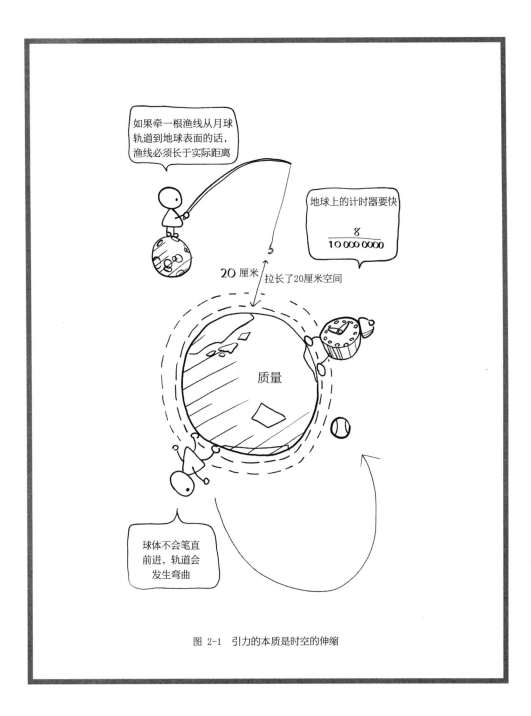

图 2-1　引力的本质是时空的伸缩

前进道路出现了扭曲。

相对论被用于计算太阳附近的水星轨道等，并验证了其正确性。类似太阳附近那样引力极强的地方，牛顿的万有引力法则不再有效，需要应用相对论。相对论是正确记述宇宙的理论。

能计算引力的史瓦西解

相对论是要运用高等数学的难解理论，但一经发表后立刻让全世界的智者都为之疯狂。

其中之一就是德国天文学家卡尔·史瓦西（1873—1916），他发现了满足相对论方程式的一个解法。

被称作史瓦西解是表示具有质量的"质点"对其周围的空间制造引力的方程式。在广阔的宇宙中，地球和太阳也不过是渺小的点状存在，所以史瓦西解对于计算地球和太阳所产生的引力大有帮助（前文中提及的地球表面计时器和从月球到地球的渔线长度都是利用了史瓦西解来计算的）。

爱因斯坦的广义相对论发表时正处于第一次世界大战时期。

当时，史瓦西作为军官奔赴俄罗斯战场，在战场上想出了史瓦西解并写信告诉爱因斯坦。但不久，史瓦西因皮肤病恶化而去世。

史瓦西所留下的解法很久以后也被称之为黑洞。

如果史瓦西能活得更久一点的话，毫无疑问会对黑洞研究做出不凡的贡献，他也是被战争所摧毁的珍贵天才之一。

无黑洞论

史瓦西解和研究质点自转的"克尔解"等相对论，是阐述引力场中心及质点周围的时空极度扭曲的解法。

处于极度扭曲时空中的物体的动态，只能用不可思议来形容。坠落运动的物体越是接近质点，通过时间越是扭曲，并且空间延伸。因此，当物体落到距离质点的某个位置时，坠落将会停止。

也许你会认为"怎么可能"？而当时的研究者在听闻这一结论时的反应也和你一样。

坠落停止的位置被称为"史瓦西半径"或"现象的地平线"，它能产生各种超出常识的状况。

比如位于史瓦西半径时，"逃逸速度"会达到光速。

所谓逃逸速度，是指以该速度抛出球体后摆脱引力飞向无限远方的速度。根据投球的具体情况能测出该场所的引力。

地球表面的逃逸速度约为11千米/秒，低于该速度的球体很快会因为地球引力落回地面，而超过11千米/秒的话，球体将飞离地球。

当位于史瓦西半径内侧时，逃逸速度将超过光速。由于超光速的物体不存在于这个世界，所以无论以多大的力道在史瓦西半径内侧投球，最终都只会划出一道弧线飞向质点附近。由于光也会被折返，所以从外观测的话，质点就是半径等于史瓦西半径的漆黑圆球（至少当时是如此认为）。

看不见的黑洞如图2-2所示。

观测地球和太阳附近并不会发现物体停止落下或光折返的异常现象，因为地球或太阳比出现奇怪现象的史瓦西半径大得多。

图 2-2　光无法从黑洞逃逸

经计算，地球的史瓦西半径约为9毫米，所以假如地球质量不变，半径缩小为9毫米的话，落向这个迷你地球的物体将会中途停止，半径约9毫米的地球表面则是一片漆黑。假如是太阳的话，缩小至3千米左右也能有同样效果。

这种被压缩到史瓦西半径以下的漆黑物体后来被命名为"黑洞"。

当时的人们仰望夜空时，大概不认为宇宙中由普通物质构成的物体和天体能压缩成黑洞吧。他们应该觉得停止坠落，逃逸速度超光速的天体不过是纸上谈兵，并不存在于现实中。

19岁青年的怪异"星溃说"

1930年，就在全世界的研究者为这种不可能而感到安心的时候，在一艘从印度往英国航行的船上，一位19岁的青年正埋头书写着某个数式。这个数式将会震撼天文学界的"大佬"，并让世人承认黑洞的存在。这位青年名叫苏布拉马尼扬·钱德拉塞卡（1910—1995），当时正前往英国留学。

钱德拉塞卡一直在研究名为"白矮星"的星球内部。白矮星的质量与太阳差不多，但只有地球大小，是个高密度天体（但未达到黑洞那种程度的高密度）。白矮星是当时已知的引力最强的压缩物体。

只要是物质，无论是空气、水、铁，还是白矮星内部的物质，都会随着压缩产生反压力。稍加压缩后在较大压力下产生的物质较为坚硬，但随着进一步压缩，则会变为压力不变的软性物质。

钱德拉塞卡运用了几年前刚诞生的最新物理学理论——量子力学来计算该压力，所得出的结果震惊学界。

如果白矮星的质量较大，强大的引力将压缩它，而白矮星物质被压缩的结果就是反而会变成柔软的物质。

要理解这一机制需要了解量子力学和相对论，不过这里仅做简单介绍。

物质被压缩时，构成物质的粒子将被挤压到一个狭窄的空间中。白矮星物质的问题在于构成的粒子是电子。根据量子力学可知，当电子被压缩于狭窄空间时，电子能量将逐渐增强。

像白矮星物质这种极高密度的物质，电子能量一旦过高，运动速度就会接近光速。这样一来，白矮星物质就像充满了近光速粒子的气体一样，而这种由近光速的粒子构成的气体即使受到压缩，压力也不会有太大变化。换言之，它是超出一般的柔软物质。

如果钱德拉塞卡的计算正确的话，当白矮星变成这样时，将失去反压力，难以抵抗自身引力，从而崩溃。

得出这一结论时，钱德拉塞卡在船舱里该有多兴奋啊！这是能解明宇宙本质的结论。

只有质量大于某界限值的白矮星才有可能出现这种局面，而宇宙中存在无数质量比这轻的白矮星。根据计算，这些星体能存续的界限值就是"钱德拉塞卡界限"，它约为太阳质量的1.44倍（图2-3）。

钱德拉塞卡理论也适用于白矮星以外的星球内部。无论是普通的恒星还是《乌云一》中出现的更高密度"中子星"，其质量都有界限。突破界限的星体在耗尽燃料后将因难以存续而崩溃。

恰如其名的"黑洞"

钱德拉塞卡的星溃说引起了研究者们的剧烈反对。人们认为星体崩溃变为点

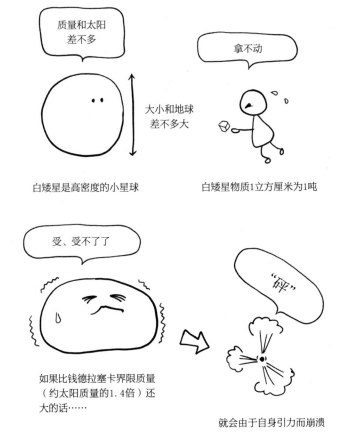

图 2-3 钱德拉塞卡界限质量

状物的说法太过异常和不自然了。天体物理学的权威从公式的角度对钱德拉塞卡表示了反对，而人们也认为既然伟大的学者都出面反对，钱德拉塞卡的说法自然是错误的了。

遭到前辈、宗师和元老们反对的钱德拉塞卡暂时放弃了对白矮星的研究（幸运的是，他并未放弃对宇宙物理的研究）。

然而，这之后，钱德拉塞卡的理论并没有被证明有误。不过，认为星体在崩溃之前一定会有某种自然的机制使其免于崩溃命运的反对者们无法找出这种机制。

无论怎么计算，由于自身引力而崩溃的星体都会缩小成点状，这一质点就是史瓦西解和克尔解中所述的不可思议的存在。最后的结论是，宇宙中四处漂浮着这些天体形成的漆黑洞穴。研究者中也开始有人转变想法，认同这种不可思议洞穴存在的人日益增多。

其中一人就是广义相对论的权威——约翰·阿奇博尔德·惠勒（1911—2008）。他在1967年的演讲中使用了"黑洞"这一名词。虽然有人指出惠勒并不是第一个使用该称呼的人，但这次演讲无疑让"黑洞"很快成为了令全世界人关注的话题。

印证其存在的天体被接二连三地发现

随后，证明黑洞存在的证据开始不断地被发现。

1960年发现的"白鸟座X-1"天体拥有太阳10倍以上的质量，体积却极小。

还有"类星体"和"射电星系"等天体能持续辐射电波和可见光，其能量的源头被认为只能是能吞噬气体的黑洞。

位于我们所生存的银河系中心的"人马座A*"，其质量是太阳的400万倍，但用望远镜观察时却好像什么都没有。这也可以说是"看到了黑洞"。

2015年又发现了最新的决定性证据。激光干涉引力波天文台（LIGO）捕捉到了黑洞之间的碰撞与融合所产生的引力波。这一成果不仅解决了100年来的引力波检测难题，同时也确定了黑洞的存在。因此，举世震惊。

如今，几乎已经没有研究者对黑洞的存在存疑了。钱德拉塞卡的结论作为理论物理学的漂亮成果，已写入了教科书中。

熵与霍金辐射

据说黑洞具有熵？

回到20世纪70年代，当时越来越多的人认为黑洞有可能存在，其相关理论研究也日趋热烈。虽然难以在实验室中调查黑洞，但可以像钱德拉塞卡那样借助纯粹的理论，用笔计算其本质。

1972年，美国普林斯顿大学的研究生雅各布·戴维·贝肯斯坦（1947—2015）在消耗了大量纸笔后发表了黑洞具有"熵"的珍贵博士论文[1]。

即使对于认同黑洞这一奇妙存在的研究者来说，贝肯斯坦的主张也太超出常识了。

顺带一提，贝肯斯坦的指导教授正是将"黑洞"变为流行语的惠勒。

熵是指"难以掌握的信息量"

那么"熵"究竟是什么呢？各位也许会产生疑问。这里将尝试说明，但内容可能会偏离宇宙和黑洞，需要花些页面。如果你觉得难以理解，可以直接跳过。

难解且抽象的物理学用语比比皆是，但如果要投票什么是最难解释的单词，熵一定独占鳌头。熵在（与黑洞无关的）热力学、统计力学、量子力学、信息理论等各种物理学领域都有出现，并担任了不同的职责。它在每个领域的定义都有微妙的不同，如果不以"熵"这个同样的名字来称呼它的话，我们可能很难注意到它是同一个物理量。

这种难以解释的状况也说明人类并未真正了解熵这个物理量。

熵这种物理量被解释为"难以掌握的知识和信息量（的对数）"。这究竟是什么意思呢？

以往箱子里放硬币为例。我们看不到箱子里面的情况，所以对于外部的观察者而言，里面硬币的状态究竟是"正面还是背面"就属于难以掌握的知识和信息。由于箱子里的知识和信息是隐藏的，所以具有熵。

要将这些知识和信息从物理学的角度来看待，就必须修正数值。箱子里的硬币的状态只会是正面或背面二选一，该信息量则为2（的对数）。使用对数会让各种计算更为简单，不过本书基本不涉及计算，所以只需要稍微了解对数，不必过于纠结细节。总之这个箱子具有2（的对数）这个量的熵。

放入10种气体分子的箱子的状态如何？

以箱子里的硬币为例虽然便于说明，但不太像物理学问题。因此接下来再以往1立方米的箱子里放入10种气体举例。更为物理学的说法是10种粒子的系。物理学中出现的"系"，我们将其视作多种物体的集合体即可。

硬币只可能有正反两种状态，但充满箱子的粒子的状态又如何呢？我们该如

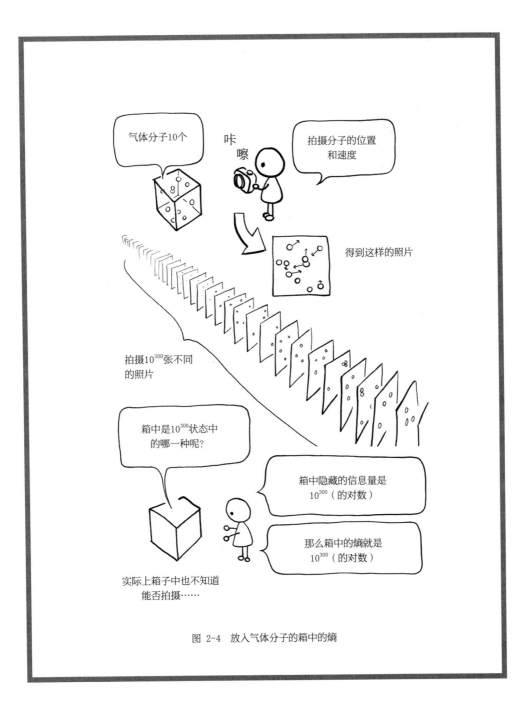

图 2-4　放入气体分子的箱中的熵

何对其计数呢？

为了弄清状态的数量，我们试着为箱子里的粒子拍摄照片。当然所用的并不会是普通相机，而是假设能记录所有粒子的位置与速度的相机。用这种超级相机拍摄箱子内部就能捕捉到四处飞散的粒子图像。

连续拍摄两张后，得到了粒子位置与速度不同的照片。这两张照片反应了不同的状态。如果拍摄几百或几千张次，就能得到几百或几千张不同的照片。

不，实际上状态远比几千张更多。究竟有多少呢？如果能弄清这一点，就能得到10种粒子的熵。

在箱子中放入10种粒子，其状态数量（在室温下）恐怕能达到10^{300}个。以普通数字来表示的话，像1 000 000……这样，在1的后面需要300个零。

10^{300}是极其庞大的数字。即使超级相机每一秒拍摄一次，从宇宙初始至今也只能拍摄10^{17}张照片，远远达不到10^{300}。即使将整个宇宙可观测的范围都放入这个箱子里，并且从宇宙初始开始拍照，总量也不过10^{100}张。

10^{300}就是如此庞大的数字。而仅仅放10个粒子进箱子，箱内的熵就能达到10^{300}（的对数）这么庞大的量（图2-4）。

状态的数量在理论上不可能是无限的

假设花费比宇宙年龄还长的视角，用超级相机拍摄10^{300}张超庞大数量的照片，就能记录箱中粒子的所有状态。那么，在此之上再拍一张的话，会得到怎样的照片呢？

新照片显然会与之前所记录的10^{300}张照片中的某一张几乎没有区别。

基于无法同时精确测定粒子的位置与速度的原理，超级相机所拍摄的照片也不可能无限精确，粒子的图像有时可能会有少许模糊。而这种模糊可能会导致某张照片上10种粒子的位置与速度与另一张照片难以区别。而能区别的照片不可能是无限张，所以最后能拍摄的不过10^{300}张。这种模糊的大小被称作"普朗克常数"。

对粒子的位置与速度的测定精确度不能超过普朗克常数，这一原理就是"不确定性原理"，是量子力学的基本原理。[借用量子力学教科书中的介绍，就是"粒子位置的不确定性与（非速度的）运动量的不确定性之积，不可能小于普朗克常数（6.6×10^{-34}焦耳·秒）"。]

这一原理并非是由于测定装置的性能不足，而是由于微观粒子的本性。宇宙中任何一种测定装置都无法改变这一原理，因为世界就是由此构成。

话题似乎扯远了。那么暂时将以上的内容总结如下。

·熵是难以掌握的知识与信息量（的对数）。

·当无法得知系的状态是多种状态中的哪一种时，该系的熵就是一切状态的数量（的对数）。

·由微观粒子构成的系的状态数量不可能是无限的。根据量子力学的原理，（可区别的）状态数量是一定的。

熵会根据温度产生变化

系的状态的数量，也就是系的熵还有一种性质，即熵会根据温度产生变化。

降低放入粒子的箱子温度，粒子将失去热能，飞散速度减缓。如果温度持续降低，最终粒子将会静止。物体失去热能后静止的温度被称作绝对零度。在绝对零度下，粒子将沉入箱底，彼此紧密接触。粒子彼此紧密接触的状态就是结晶。

换句话说，一旦到达绝对零度，那么即使不看箱子内的情况，也知道箱中的粒子不再活动，变成了晶体（这里暂时不考虑结晶位于箱子哪处以及结晶的面向等）。由于箱子内的状态只可能是晶体这一种选项，所以绝对零度下熵为1（的对数为0）。

以上介绍虽然不能完全解释熵与温度之间的关系，但至少说明了它们之间是有关系的。（在正常的系中）温度降低，熵会变小，在绝对零度下熵为1（的对数为0）。

并不是真正的黑色宇宙洞穴

接下来回到黑洞的话题。

当时不少研究者认为能吸入一切的黑洞中具有熵是种异想天开的想法。霍金教授最初也是这么认为的，于是想到贝肯斯坦的理论。

"如果黑洞具有熵的话，那么就会有温度，也应该有对应温度的辐射。"他怀着这种想法开始了计算，并很快得到了令他兴奋的计算结果。用量子力学来计算黑洞的时空后发现会有极其微弱的辐射从其中漏出。

书和你的身体都会辐射电磁波

那么，温度和辐射究竟是怎样的关系呢？为什么黑洞具有温度就会发生辐射呢？接下来就是介绍与熵、温度、辐射有关的内容。

烟或白炽灯都在不断变成过去的遗物。温度达800℃的烟火，发出的是橙色的光；温度达2 000℃~3 000℃度的灯丝，发出的是黄色的光；温度高达6 000℃的太阳，发出的是令人无法直视的炫目白热光。

像这样，（不透明的）物体会根据温度放出可见光等电磁波。温度越高，辐射越强，其平均波长则变短。这种辐射被称为"黑体辐射"，不会受物体的材质和形状影响，强度和平均波长（颜色）仅由温度决定。无论是烟叶、钨丝还是氢气，只要处于同一温度都会出现同样的黑体辐射。这是物理法则，世界由此构成。

也许你会问，那么书、衣服、手和脚或身边的物体是否也会只由温度来决定辐射呢？答案是会进行黑体辐射。不过在室温时，黑体辐射的平均波长为红外线，所以人的眼睛是感知不到的。人的眼睛能看到的书、衣服或手脚的颜色是由于外界光的反射，并非黑体辐射。要观察书、衣服或手脚的黑体辐射，必须进入无照明的黑暗房间，利用红外线相机进行拍摄。

温度与黑体辐射之间有密不可分的关系。有温度的物体会出现黑体辐射，通过黑体辐射也能了解物体温度。

改变了黑洞概念的"霍金辐射"

霍金教授认为，黑洞只要具有温度，就会和通常物体一样出现黑体辐射，并在对黑洞的黑体辐射推测上获得了理论上的成功。

辐射就是《乌云一》中提到的光子这一微粒子被放出无数个的现象。无数光子的飞舞在量子力学中被称作"量子场"或"量子力学"。

根据场的量子论，粒子的数量不是一定的。也许有粒子从其周边空间产生，也有可能消亡。有时我们不能确定某个状态下的粒子究竟有多少。粒子其实是在不断诞生和消亡的，所以量子力学是必需的知识。

霍金教授试着将场的量子论代入黑洞扭曲时空，研究光子等粒子是否从史瓦西半径生成并飞散。而这种量子力学的辐射与假设黑洞具有温度时的黑体辐射一致。

这一结论颠覆了连光线都能吸收的漆黑的黑洞原有的概念，被称作"霍金辐射"。

黑洞与宇宙的寿命

结局是大爆炸

霍金教授的大胆推论还在继续。黑洞会有辐射已经令人意外了，但霍金辐射的结论还不止于此。

他认为黑洞的最终结局是爆炸。

黑洞具有温度，会出现黑体辐射。质量越小的黑洞，这种温度越高，史瓦西半径越小，霍金辐射的平均波长越短，所以黑体辐射的平均波长越短，物体温度越高。

假如黑洞的质量小，其温度高，黑体辐射将变强。黑体辐射让光子从黑洞中飞散出来，而这至少能让黑洞减少微量的质量，也因此会提高微小的温度，使黑体辐射变强。像这样，质量较小的黑洞会越来越小，辐射越来越强。

经过漫长的时间之后，黑洞会缩小到显微镜大小，辐射变得极强，最终爆炸性地放出光子，黑洞也随之蒸发。

从贝肯斯坦的黑洞具有熵的理论出发，推出黑洞的霍金辐射，最后得到黑洞最终会爆炸的结论。具体可参照图2-5。

引发了理论物理学业界的大爆炸

霍金教授发表《黑洞爆炸？》[2]的这一标题极具冲击力的科学论文后，引起了（并不仅限于标题的）巨大反响。

黑洞本身就是极其超出常识的奇妙概念，研究者也是在多年之后才承认它是确实存在的。而如今有人提出，这个漆黑的黑洞会产生辐射，并且辐射会让温度持续上升。

实际上，辐射会导致温度上升这一性质对于物体来说是异常的。

烟或白炽灯的钨丝、书本、衣服、手脚等普通物体会因辐射丧失热能，于是（如果没有其他热能补充的话）温度会降低。温度降低后变成与周围同温，然后停止温度变化，稳定下来。

但如果霍金教授的观点是正确的话，黑洞越是丧失能量，温度越高；随着时间的推移将不再与周围的温度相同，因此不再稳定。宇宙中真的允许这种异常存在吗？（如果这种存在是不被允许的，那么最终会爆炸也是顺理成章的了。）

这种令人惊讶的结论是将量子力学适用于广义相对论后得出的。

将作为微观世界物理法则的量子力学与宇宙最通行的广义相对论进行统合的新理论暂时还未出现。但并非是无处着手，如今已经有了不少尝试性的好想法。

霍金辐射明确了广义相对论中记述的黑洞在量子力学上的性质。这虽然还不能称作是量子力学与相对论的统合，但称之为组合也不为过。

量子力学与广义相对论的组合引导出了黑洞辐射和爆炸等奇妙且意外的结论。看来量子力学与相对论的组合今后还能引发更多令人振奋的研究成果。这是等待人类探寻的广阔未知领域，但这种探索是极其困难的，不少人迷失其中。

图 2-5 霍金辐射

黑洞的热力学

贝肯斯坦的黑洞具有"熵"的主张，与霍金的"辐射的最终是爆炸"的主张很快引起了该领域的高度关注。这一领域并不仅限于研究黑洞的熵的领域，还出现了更多新领域。研究熵与温度的物理学领域被称作"热力学"，这也就是"黑洞热力学"诞生的由来。

刚诞生的黑洞热力学很快就被霍金教授指出具有严重问题。

黑洞的爆炸无法用量子力学的方法来进行描述。伴随着黑洞的生成与消灭的熵的变化，无法以我们所使用的量子力学来研究。

物理学未解决的难题："信息悖论"

黑洞的熵意味着外部观测者无法了解黑洞内的状态。

由于光也无法从黑洞中逃逸，所以落入黑洞中的物质究竟在其内部是怎样的状态，外部观测者当然无从得知。

但当黑洞爆炸（或者用更稳妥的说法就是蒸发）时，黑洞内部所隐藏的信息又会随之消灭。黑洞的熵也烟消云散。

也许你认为即使信息不可知或信息消灭无关紧要，但这对于物理学来说是个大问题。微粒子聚集所形成的系依照量子力学本应该无论时间如何变化，信息都不会消灭（在量子力学中，信息的消灭只有在对系进行测定时出现，这在下一章《乌云三》中将会介绍）。当黑洞诞生后，由于霍金辐射最终爆炸或蒸发，所有信息消失也就意味着无法从量子力学的角度去研究黑洞的生成和消灭了。

这种伴随着黑洞的生成与爆炸出现的信息消失被称作"信息悖论"，直到现在依旧是物理学一大未解谜题（原本将量子力学适用于黑洞中才得出了霍金辐射，而霍金辐射最终走向的爆炸却难以与量子力学相关联，这实在是不合常理）。

有人认为随着量子引力理论的完成，信息悖论也将得到解答，但如何去解答依旧是个谜。

黑洞的信息悖论虽然尚未解决，但如今已经有各种提案正尝试着摸索答案。

比如，有人认为黑洞即使缩小也不会爆炸或蒸发，最后会变成颗粒物残留。如果是残留颗粒物的话，那么就与量子力学无矛盾，能够继续研究黑洞了。

也有人认为霍金辐射含有信息。这种说法很难简单说明，其重点就是，黑洞所隐藏的信息通过霍金辐射向外部泄露的话，信息悖论也就自然解除了。

霍金教授本人所预想的是，黑洞因为爆炸或蒸发导致信息消失。这样一来，现在的量子力学（如果不修正基础部分的话）就无法对黑洞进行研究。许多研究者都支持这种预想。

这些观点究竟哪一个是正确的呢？或者应该是其他截然不同的结论呢？如今还不得而知。

在本书《乌云六》中会比较详细地接触这一部分。不过，恐怕等量子引力理论完成并解决这一问题时，人类对熵这种物理量会到达一个新的理解境界。到时，也许能用更简明易懂的方式来介绍熵这一概念。

宇宙最终的结局是什么

黑洞会走向怎样的结局，是否会真的爆炸，这些问题其实都与宇宙的未来有关。

我们住在银河系这个巨大的星系中。而在银河系中，像太阳这种恒星有数千亿个之多。

银河系的中心如之前所述的一样，存在人马座A*这一超巨大黑洞。其质量预计是太阳的400万倍。

这个超巨大黑洞最初是作为小型（但仍比太阳大）黑洞诞生的，但随着它与其他小型黑洞合体，以及吞噬恒星和气体，推测如今已经成长为现在的质量。

人马座A*还将继续通过吞噬物质不断成长。今后它将远远不止太阳的400万倍，可能变成1 000万倍、1亿倍、10亿倍……在遥远的将来，银河系的物质，无论是星体、气体，还是小型黑洞，甚至暗黑物质，都会被这个超巨大黑洞吞噬。（由于预计银河系会在约数十亿年之后与仙女座星系相撞、合并，所以并不是所有物质都会简单地被人马座A*吸收，但大致走向没错。）

银河系是存在于宇宙中的无数星系之一。在可观测范围内，有数千亿个河外星系散落在宇宙中。根据观测可知，这些无数个河外星系的中心都有超巨大黑洞坐镇并持续吞噬该河外星系的物质。以此可推测，任何河外星系终究都会被超巨大黑洞吞噬，宇宙最终只会留下超超巨大黑洞。

本章从黑洞讨论到了霍金辐射，但霍金辐射在量子力学的效果上其实极其微弱，对超巨大黑洞吞噬河外星系的过程几乎不造成影响。

因为霍金辐射要造成影响所需要的时间，是在宇宙变成超超巨大黑洞之后。

宇宙空间充满电磁波，这被称作"宇宙背景辐射"。宇宙背景辐射会注入超巨大黑洞，而霍金辐射会一点点地从超巨大黑洞中逃逸，这种状况会持续一段时间（10^{30}年左右）。

由于宇宙会膨胀，宇宙背景辐射也会渐渐减弱。

当宇宙背景辐射比来自超超巨大黑洞的霍金辐射弱时，超超巨大黑洞就开始蒸发，由于霍金辐射而失去能量，慢慢缩小。

超超巨大黑洞彻底蒸发需要花费漫长的时间，也许需要10^{100}年。

10^{100}年之后，缩小的黑洞会怎样，答案则要看信息悖论的解决法了。

如果最终爆炸，那么黑洞随着爆炸消灭，宇宙中将只残留下微弱的辐射。这个空荡荡的宇宙将永远地膨胀下去。

如果蒸发后留下了部分粒子，那么宇宙四处都将漂浮着这类残留物。这个基本也是空荡荡的宇宙还是将永远的膨胀下去。

这是多么悲凉的未来图景啊。但就我们现在所掌握的知识推测，这就是宇宙的命运。

也许将来物理学有所变化，这个未来图景也会被修正，不过一切事物的尽头都是悲凉，宇宙的尽头恐怕也很难变成幸福的结局。

乌云三

埃弗莱特的多宇宙理论

量子力学是研究原子、分子和基本粒子等极微小的物体，阐述微观世界的方法，它会以概率来预测测定结果。测定的瞬间，微观物体会发生难以说明的状态变化。为什么会出现这种被称作"坍缩"的状态变化呢？至今还没有物理学家能真正做出解释。

1957年，研究生休·埃弗莱特三世（1930—1982）在自己的论文中提出"世界是分裂的"，这一观点引发了激烈的讨论。

绝大多数科学家反对"世界是分裂的"这一观点，但量子计算理论的开拓者达夫·多伊奇（1953—）等著名的科学家对其表示了支持。然而在经过了60多年后，至今依然无法证明究竟哪个结论是正确的。

量子力学的诞生

身边的物理法则难以解释的世界

量子力学是创始于约100年前的较新的物理学，基于颠覆以往常识的新奇原理。由于其原理极其超出常识，所以研究它的研究者们自己也经常陷入迷乱、困惑和激烈争论中。当时最顶尖的一批先驱的争论推动了量子力学的发展，产生了不少丰硕的成果，但其中依旧有部分议题至今未被承认。

接下来要介绍的，是与量子力学的根本原理相关的疑问，被称作"观测问题"。虽然从量子力学诞生之初就有人指出了这个问题，但经过约百年之后，关于它的争论依旧没有平息。量子力学的根本原理中还含有未解决的问题。

这个地球和我们的身体，以及周围的物体都是由只有1厘米的百万分之一左右大小的原子构成。

这些原子及由原子组成的分子，以及电子、夸克等基本粒子形成的微观世界的物理法则与我们身边的宏观世界的物理法则截然不同，无法适用人类以往所认可的科学常识。

1925年7月，丹麦哥本哈根大学的沃纳·卡尔·海森堡（1901—1976）发表了《矩阵力学》。这是说明电子和原子活动的理论，但过于抽象难懂，很难描述，会让人对微观世界的构成产生疑问。

矩阵力学具体有多抽象与难懂，可参考各种面世之作。这里暂时用三言两语来介绍其思维方式（当然请不要认为三言两语就能理解它）。

以海森堡的手法，首先遇到的问题就是微观物体的物理量中对"傅里叶变换"进行数学性处理，变换为"振幅"。虽然已知电子和原子的活动是遵循"量子条件"，但量子条件要对应"矩阵"的计算。换言之，利用物理量的振幅制作矩阵，就能将量子条件以矩阵的计算规则来表现。电子和原子的物理量通过矩阵表示，其活动也能通过矩阵计算来预测，这就是矩阵力学的（抽象且难解的）主张。

海森堡认为，微观世界不能简单套用我们日常的常识或想法。要描述电子和原子等微观物体，只能通过测定所得的数值。微观世界的物理法则就是通过描述这种测定值之间的关系。

量子力学宛如禅机问答

这种思维虽然极其合理且清晰，但世界上像海森堡这样能游刃有余地应对抽象思维的人并不多。我等凡人更希望有便于理解的原子参照物。

紧接着在第二年，即1926年1月，奥地利的埃尔温·薛定谔（1887—1961）发表了解释电子活动的另一个理论——"波动力学"。虽然这个理论也很难理解，但相对于矩阵力学而言，对其描述更为具体，也更便于研究，对我等急需具体概念的凡人来说可谓及时雨。

薛定谔还表示，波动力学与矩阵力学实际是等价的，只不过是用别的数学表现同样的内容。现代量子力学就是统合了这两种理论后发展而成的体系。成型之后，量子力学依旧包含多种非常识性的主张，第一个主张如下：

· 电子、原子和基本粒子这些微观物体，虽然是粒子，但也有波动的性质。

……这简直就像禅机问答。在此试着解释一下（图3-1）。

粒子是与其他物体独立的存在，它是能按个数来统计数量的物质。我们日常世界中的米粒、豆子、玻璃珠等其实与它类似。

而在日常生活中，水面的波纹、涌上海滩的波浪、声音等都属于波动。波动会波浪状地填满空间并前进，遇到障碍物则回转，如果有孔洞则会穿过孔洞。

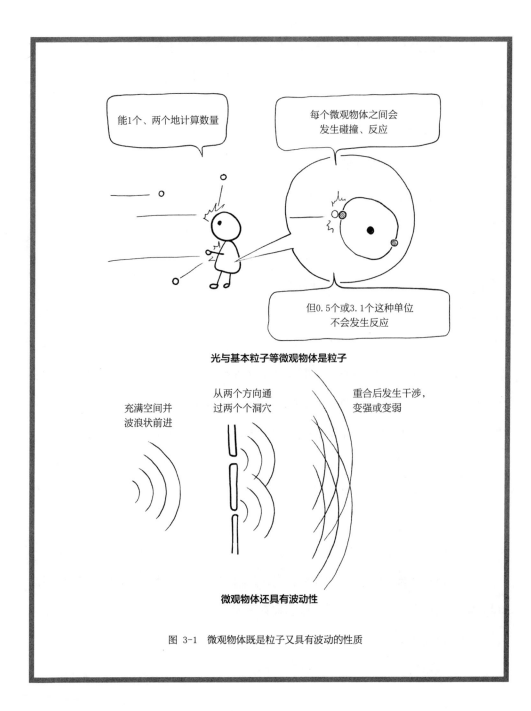

图 3-1　微观物体既是粒子又具有波动的性质

波动有峰顶和谷底（如果是声音的话，则有空气密度高的部分和低的部分）。波动与波动相遇时，峰顶与峰顶重合的部分会变强，峰顶与谷底重合的部分会变弱。这种强弱的变化也被称作"干涉"。

微观物体不仅能以粒子的形式来计算数量，也能充满空间，发生干涉。

仅仅一个粒子就填满空间是不符合微观粒子常识的。微观物体在途中如果遇到障碍会回转，如果遇到孔洞就会穿过，以此计算其轨道。微观粒子的波动包括峰顶和低谷，相撞后还会有强弱变化，出现干涉。这种轨道和干涉就是薛定谔的波动方程式。

粒子具有波动性意味着什么？

那么，粒子具有波动性究竟意味着什么呢？比如电子这种粒子的波动性会有怎样的表现？当波动渐渐充满空间时，究竟是电子的什么在充满空间呢？是电子的质量、电荷，还是别的什么东西？（正确答案确实是别的东西。）

薛定谔提出的波动方程式，让研究者们掌握了能预测电子活动的道具，但要如何运用这个道具去预测还是未知之数。

波动力学发表之后半年，即1926年7月，德国的马克斯·玻恩（1882—1970）发表了《概率解释》，对粒子的波函数究竟是什么波动作出了一种解答（这也是本章的主题）。两年后的1928年，英国的保罗·狄拉克（1902—1984）成功将量子力学与特殊相对论进行了融合。短短数年之间，多位天才物理学家接连发表了新发现，确立了微观世界的物理法则。至此，量子力学的框架就完成了。

不可思议的哥本哈根解释

玻恩发表的概率解释在哥本哈根大学的尼尔斯·亨利克·戴维·玻尔（1885—1962）的努力推广之下，又别名"哥本哈根解释"。由于别名比较"帅"，所以本书中就采用了这个名字。

玻尔与对哥本哈根解释持怀疑态度的爱因斯坦交换意见，并说服了执拗的薛定谔。当薛定谔染病停留在玻尔所住的城市时，当时还是玻尔助手的海森堡目睹了玻尔在薛定谔枕边与其辩论，使其承认了哥本哈根解释的正确性，可谓是极其可怕的说客了。

哥本哈根解释如今已经被视作量子力学的基本原理，也是量子力学的非常识性第二主张。

- 粒子的波函数表示该粒子在该位置被检测出的概率。
- 粒子被检测出后，波函数则坍缩为检测结果。

粒子数量虽然是可数的，但要数清则需要设置诸如粒子检测器之类的装置。粒子检测器是当其中的粒子活动时会发出电子信号等进行通知的装置。如图3-2所示，检测器会等待粒子的波动呈波浪状填满空间（量子力学中的波函数具有复数的振幅，不过这里暂且只做简单介绍）。

波函数根据其位置不同，强弱也不同，一部分较强，另一部分较弱。强的部分的粒子被检测出的概率较高，弱的部分较低。

如果设置两台粒子检测器的话，波函数会给出各检测器检测粒子的概率。比如右边的检测器的检测概率是50%，左边也是50%。

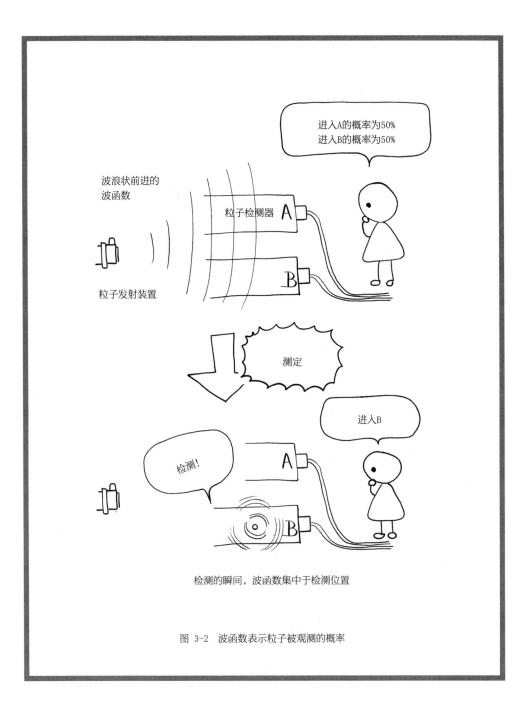

图 3-2　波函数表示粒子被观测的概率

当任何一个检测器发出表示检测到粒子的电子信号时，充满空间的波动将在突然间发生变化，集中于被检测到的一点。如果右边的检测器发出电子信号，那么在那一瞬间，侵入左右检测器内部的波动会坍缩，也就是突然收缩集中到右边。

要预测之后的粒子走向，就必须利用集中于右边的波函数，舍弃侵入左边检测器内部的波函数。

上帝的骰子与薛定谔的猫

学习量子力学的人大多对哥本哈根解释感到不协调和不安。

只能用概率来预测粒子走向究竟好不好呢？难道没有能更准确地预测将来的理论吗？观测（检测）的瞬间，波函数的坍缩究竟是如何形成的？为什么会出现这种变化？

量子力学的创始人之一爱因斯坦认为"上帝不能玩掷骰子游戏"，反对哥本哈根解释，主张只能用概率来预测粒子走向的量子力学具有不完全性（现在很多人都同意量子力学的不完全性）。

1935年，薛定谔利用猫提出一个有名的实验，以此讥讽哥本哈根解释。如果直接套用量子力学，就能用波函数来表示箱子里的猫的状态。薛定谔举例认为，箱子里的猫的波函数是已死的猫和活着的猫的混合状态，如图3-3所示。

按照哥本哈根解释，到观察的瞬间为止，猫既不算是死了也不算是活着。只有在打开箱子观察其中状态的瞬间，猫的波函数坍缩，才能决定猫是死是活。

这个结论任谁看来都是极其荒谬且非现实的，但要问错在哪里，以现状的量子力学却无法回答。活着的猫和死了的猫的混合，是符合量子力学和哥本哈根解

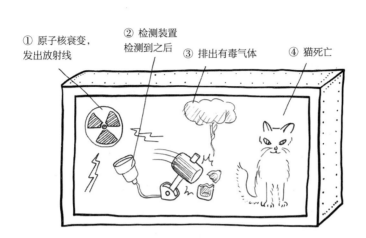

① 原子核衰变，
发出放射线

② 检测装置
检测到之后

③ 排出有毒气体

④ 猫死亡

薛定谔的箱子构成

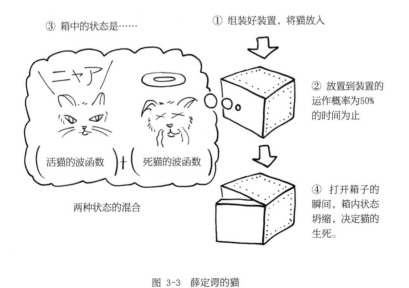

③ 箱中的状态是……

ニャア

活猫的波函数 ＋ 死猫的波函数

两种状态的混合

① 组装好装置，将猫放入

② 放置到装置的
运作概率为50%
的时间为止

④ 打开箱子的
瞬间，箱内状态
坍缩，决定猫的
生死。

图 3-3　薛定谔的猫

释的"正确"例子。薛定谔利用猫提出的这个奇妙的思考实验导出了活猫与死猫的混合体这一滑稽的结论，以此指责量子力学的荒谬之处。

玻尔愤怒的大反驳

无论是曾有过多次犀利发言的爱因斯坦，还是因猫的实验而一举成名的薛定谔，都是对严谨的科学论题展现其幽默才能的人。（据说两人都很受女性欢迎。）他们很容易让辩论的对手血压升高。

1935年，爱因斯坦发表了《物理现实的量子力学描述能否认为是完备的？》[1]的联合论文，对哥本哈根解释提出了异议。玻尔在两个月后投稿了完全同名但几乎没有方程式、没有章节的论文[2]，对爱因斯坦的异议表示反对。

其内容是阐述：物理现实的量子力学描述没有任何问题，这方面的疑问可以用玻尔提出的相辅性原理来说明，并表示爱因斯坦等人应该多学习相辅性原理。看到这篇论文，就不难想象当时玻尔气得脑充血的样子了。

就这样，通过量子力学的创始人巨头之间带着火花的争论，量子力学的问题点——也就是观测问题被凸显了出来。

针对观测问题有各种切入口，如果用最直白的话，则如下：

· 波函数在观测瞬间的坍缩究竟是怎样形成的？

现在的量子力学还无法回答这个问题。观测问题显示了量子力学还有不完备的地方。在约100年的时间里，许多人为了克服这种不完备、让量子力学成为完善的理论而进行了各种尝试，但一直都没得到能让大多数人信服的答案。

多宇宙理论出现

"据说，世界是分裂成无数个的？"

1956年，美国普林斯顿大学研究所的埃弗莱特在自己的博士论文中提出，实际上并不会出现波函数的坍缩这一罕见观点。

粒子的波函数在右边检测器为二分之一，左边检测器为二分之一的状态下，可以测定粒子的位置。右边检测器有50%的概率发出检测信号，左边检测器也有50%的概率发出检测信号。检测到的瞬间，两边状态下的波函数坍缩，这就是被广泛认可的哥本哈根解释。

但根据埃弗莱特的观点，检测到的瞬间，包括粒子和测定装置以及观测者在内的世界，会分裂为右边检测出粒子的世界和左边检测出粒子的两个世界（图3-4）。

两个世界中，实验装置的设定、实验室的样子、实验室所在的地球和宇宙，以及一切都一模一样，以往的历史也完全相同，但唯有右边检测出粒子或者左边检测出粒子这一点不同。两个世界也并不知道自己已经分裂，只认为是测定了粒子的位置，检测出一部分之后出现了波函数坍缩。两个世界的不同之处其实非常小，但今后的命运却出现了分歧，并且不会再重合。

这简直是荒唐的解释。它意味着每次测定微观粒子的位置、运动量和能量时，世界就会分裂为多个未来，不同的未来得到的测定值不同。这种说法恐怕连提出它的人都没弄懂原理。

图 3-4 多宇宙解释

波函数的坍缩不仅发生在实验室内的粒子上，构成我们身体和环境的原子、分子和光子、无数的基本粒子、充满宇宙的所有物质都会在这一瞬间坍缩（在"普遍是"解释下）。而埃弗莱特的解释将世界分裂替代了坍缩，意味着所有粒子在不停地分裂出无数个世界。我们的世界不止一个而是无数个，但我们只能察觉到其中之一罢了。

作为与哥本哈根解释相对立的新解释，多宇宙解释登场了。

研究生的学说逐渐获得了支持者

埃弗莱特的指导教授就是"黑洞"的命名者惠勒，而提出黑洞具有熵的贝肯斯坦则是埃弗莱特的后辈。追溯新奇观点的源头发现，出现了惠勒的名字的感觉真是奇妙。虽然万事不一定有理由，但这也体现了现代物理学的有趣之处。

惠勒拿着研究所学生埃弗莱特的论文特意前往哥本哈根大学，与（当时还在执教的）玻尔等人讨论（后来被称作）多宇宙解释观点的正确性。

当然，哥本哈根解释的鼻祖玻尔并不认同埃弗莱特的新学说，他们对"人类和炮弹都会（分裂）"的阐述大皱眉头。但惠勒强调，埃弗莱特的论文并不是反驳哥本哈根解释，只是一种理论的扩张。

埃弗莱特的学位难产了。在玻尔的指导下，他花费数个月大幅削减学位论文，换掉了过激的描述，好不容易才得到了博士学位。

最后完成的博士论文中删除了"人类和炮弹也会分裂"的描述。

当时的美国实行选征兵制。埃弗莱特作为学生可以暂缓兵役，但惠勒等人在哥本哈根大学的争论如果导致学位延期获得的话，就有可能被征兵。为了免除兵役，埃弗莱特选择了美国国防部的相关工作，最终远离了理论物理学领域。

埃弗莱特博士论文的简略版后来刊登于学术杂志[3]上，是他少数论文中的一篇。忧郁的埃弗莱特还未等研究成果发布就离开了该领域，其著作也基本为零。

当初人们对他的观点报以沉默与冷笑，但不久之后，多宇宙解释的支持者开始接二连三地出现。

1973年，论文集《量子力学的多宇宙解释》[4]出版，其中收录了埃弗莱特学位论文的非简略版。数年之后，《SF杂志》又推出了多宇宙解释的特辑。

就这样，"多宇宙解释"逐渐广为人知。与哥本哈根解释不同，由于它不包括波函数"不可解的"坍缩，所以喜欢它的人更多。

之后，据说埃弗莱特被邀请回归物理学界，但不知道是否是军事界待得更舒服，他终究没有回来。也许是博士论文的骚动令他不快，或者是大学和研究所能给的薪水对他没有吸引力了吧。

埃弗莱特在美国国防部研究有效核攻击的战略之后，又与同事一起着手开发面向国防部的商业电脑程序。

虽然埃弗莱特开设了多家公司且都经营顺利，但他从学生时代起就嗜酒。据同事说，他每顿饭要配三杯酒（Three-martini lunch），也经常在办公室烂醉（Three-martini lunch是商务人士或领导使用公司经费吃的高级午餐的讥讽性单词。美国公司对酒精摄取管控严格，午餐费也很难被认定是必要经费，因此Three-martini lunch的习惯也被废除了）。

埃弗莱特属于享乐主义，且以自我为中心。他的朋友和子女都证明他会背叛工作同伴，对他人和家人都毫不关心，在思想倾向上支持极端利己主义，不理解人权，就连家人都对他颇有怨言，可见其性格确实有缺陷。

某个早晨，埃弗莱特的儿子发现父亲浑身冰冷地躺在床上，当时他年仅51

岁。重度烟瘾和已经接近酒精中毒的嗜酒程度也许是他早逝的原因。[顺带一提，他的儿子马克·奥利佛·埃弗莱特（1963—）后来成为了摇滚音乐家。身为人父的休·埃弗莱特三世给人的主要印象也是由他口述形成的。]

多世界是否真实存在？

多宇宙解释所描述的宇宙具有奇妙的魅力。

微观粒子的测定和观测并不仅仅发生在设置了粒子检测器的实验室里，而是由包括我们在内的这个宇宙的微观粒子构成。在这个宇宙中发生的所有事都是微观粒子碰撞和反应的结果，这每一个碰撞和反应都是量子力学的测定和观测。也就是说，在这些事物中，波函数坍缩成别的状态就应该出现别的结果。

按照多宇宙解释，与这个世界的结果截然不同的一切结果都会在别的世界实现（图3-5）。

如果在过去的那个时候做另一个决定，现在又会如何呢？历史的那个时刻如果改变的话，现在会变成什么样呢？这个梦想能在另一个世界实现就是多宇宙解释所主张的观点。

那么，另一个世界的自己会过着怎样的人生呢？既有一个刚分裂的一模一样的自己，也有在很早之前分裂后命运截然不同的自己。甚至还存在着无数个没有自己的世界、没有生命的世界、没有星星的世界（但不存在物理法则不同的世界）。

不过我们不需要了解其他世界，因为我们不能与另一个世界的自己对话，也不可能知道在那个世界发生的命运，以及某个时刻做出其他选择后的人生际遇。

多宇宙解释认为存在无数个世界，但要如何证明它们确实存在呢？我们无法

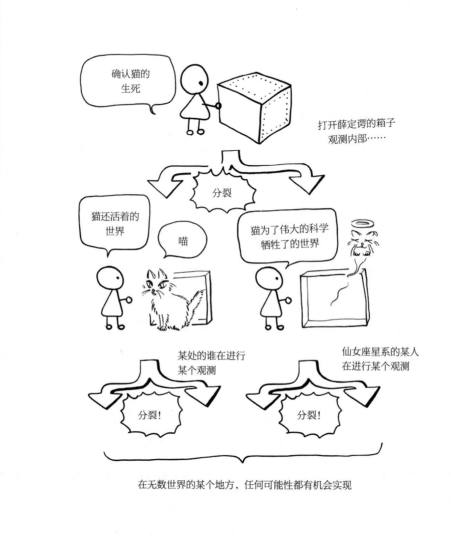

图 3-5　不知何处是另一个世界的你

与其他世界通信，也不能用实验来证明。多世界的存在本身就是不可证实的。

确认猫的生死

打开薛定谔的箱子观测内部后……

既然不可证实，那么大多数研究者也就不可能认同多宇宙解释。实际的研究者基本都站在认为通过波函数的观测结果来获得预测手段的哥本哈根解释更为合理的立场上。

基于多宇宙理论的量子计算机

1985年，出生于以色列的英国牛津大学客座教授多伊奇发表了量子计算机这一新的计算原理。

简单来说，量子计算机就是将波函数所表示的微粒子作为零件使用，利用波函数的干涉来进行计算。

打个比方，就是设定一个装置，当某个计算问题的答案为0时，就是右边检测器检出粒子；为1时，就是左边检出粒子。某一种类的计算，用普通的计算机会花费极多的时间，但如果使用量子计算机的话，只要发射粒子，波函数进行复杂的干涉，最终左边或右边检测器就能给出答案。

不过，要让实现这种计算原理的量子计算机成功运作，还要解决多个技术性课题。不少人对它能否真的实现还抱有疑问。

自从多伊奇教授发布新原理以后，针对量子计算机的研究便兴盛起来，多种运用量子力学的计算原理被提出，它们也都被称作量子计算机，不过这里讲的还是多伊奇教授的观点。

多伊奇教授认为，量子计算机的原理基于多宇宙解释。量子计算机要实现快速计算，需要存在于无数世界的无数量子计算机共同协力。因此，实现量子计算机的功能也就意味着有了多世界存在的证据。

现在量子计算机的研究领域已经扩大，有了大量人才与资金投入，研究会也不断召开，相关理论与实验论文纷纷发表。虽然制作了被称作量子计算机的装置，但由于被称作量子计算机的计算原理各有不同，所以多伊奇教授的观点还谈不上实现。

量子计算机与观测问题关系紧密是研究者共同的认知。无论是基于哪种原理的量子计算机，都要准备波函数所描述的微观系，且观测该微观系的过程是必需的。要实现量子计算机，需要在观测时研究微观系所发生的现象，找出其观测问题。

不过，量子计算机的研究者并不是都和多伊奇教授一样支持多宇宙解释，像他一样热衷于推广多宇宙解释的人反而是少数。

毕竟多宇宙解释从原理上来说不可能获得实际证据，既然没有实证，那么能否接受这个解释就是信仰问题了。在物理学爱好者中，哥本哈根解释与多宇宙解释相关的争论经常白热化，如果将其视作宗教论题之一的话，就能理解人们对它注入的热情了。

量子力学是极具实践性的

现在的量子力学是解释微观物理现象的一个强有力的道具。虽然在量子力学的研究领域中，还包含像目前仍没有实用产品诞生的量子计算机这样的领域，但量子力学整体是开发过大量应用产品的极具实践性的物理学领域。

包括晶体管等在内的半导体元件，以及配套的电子器械或（普通的）计算机、激光、核反应堆、核武器，量子化学相关的分子生物学、新原料、新药研发等，整个现代社会无处不在的产品全都是表明量子力学正确性的物证。

例如，利用量子力学我们能得知分子的形状。由原子构成的分子的形状能决定作为黏合剂的电子轨道，电子轨道又能通过量子力学的方法来计算。因此，知道分子的形状就能了解该分子的反应和机能，从而带来化学的飞跃发展。

这种尖端的应用领域就是分子生物学。生物体内由无数生物分子运作来维持生命，现在我们已经能一步步知道每个分子的构造和功能。生物分子的解明虽然不能说与疑难杂症的治疗和有效药品的开发有直接联系，但最新医疗技术也是量子力学的间接产物。

再举一个成功应用量子力学的领域，比如开发电子电路和电路元件的电子工程学。在电脑、手机、智能家电、数码相机、太阳能电池、传感器等多种多样的电子仪器中，充满了由半导体构成的电路元件，电路元件中则是电子在纵横流淌。

控制电子的流向，改变光或改变电波的半导体元件必须在了解量子力学的前提下才能设计运作。没有量子力学，就没有我们日常生活中无处不在的电子器械。

量子力学就是这样支撑着我们的生活，而我们的生活则证明了量子力学的正确性。但量子力学的基本原理仍包括不完善的部分，虽然没有人能质疑量子力学的计算和预测的正确性，但也没有人能完美地解释它为什么能良好地运作。

乌云四

奇异的宇宙论

利用爱因斯坦的相对论理论，我们能从数学角度来讨论宇宙是什么时候、如何诞生的。

而后得出的推论是，宇宙诞生于某次大爆炸。这比任何民族的神话都更接近真相。就连爱因斯坦本人似乎都没有预料到这一结果，在最初他甚至对此表示了否定。

不久，随着观测技术的进步，宇宙源于大爆炸且现在仍在持续膨胀的证据接连被发现。宇宙大爆炸论如今已经成了标准答案。

但在那之后，不少研究者又提出了偏离标准答案的特殊宇宙论。

比如突破物质守恒定律这一大原则，能从真空中产生新物质的宇宙等。

本章将介绍钻了相对论空子的各种异端宇宙论。

着手对宇宙的描述

宇宙究竟是怎样的形态？

我们在《乌云二》中已经介绍了爱因斯坦发表的相对论。相对论中时间与空间的伸缩理论能说明引力的本质，也预见了黑洞这一奇妙的存在。

但实际上，在黑洞被提出之前，爱因斯坦还研究过更具野心的主题，即利用刚成形的相对论讨论宇宙形状的主题。

讨论宇宙的形状，其实就是追究其整体形态是怎样的，宇宙是什么样的形状。

在相对论之前，人类对于宇宙是怎样的形状，什么时候、如何诞生的，今后又将怎样都只能空想，无法从科学角度去研究。这些问题体现在了故事和神话中，基本都归属于哲学领域。

但爱因斯坦认为，自己提出的相对论是能研究宇宙的物理学理论。1915年，当全世界还为相对论感到惊奇时，爱因斯坦一个人利用相对论的手法开始着手对宇宙进行描述。

宇宙是否有边缘？是有限还是无限？

宇宙的形状究竟意味着什么？下面试着来说明一下。

我们所居住的这个宇宙是三次元空间（稍后会介绍四次元的时间）。

具体来说，这个空间中的某一点，比如要用数值表示屋檐上停驻的一只麻雀的位置或者仙女座星系的位置，必须有3个数字。

表示麻雀的位置，大致如位于南方3米、西方5米、高度6米这样。仙女座星系的位置则是银经121.1743度、银纬负21.5733度、距离230万光年。

即使不了解这些数值的意义也无妨。这里要说明的是，如果要在宇宙中表示某个位置，（除了某些特殊情况以外）必须要3个数字。用3个数字来表示位置的空间也被称作三次元空间。（数学家和物理学家更为严密的说法是"流形"，这里暂且笼统地称作"空间"。)

另一方面，要表现像纸张这种平面物体的位置则无需3个数字，2个足够。比如这一页从右起3厘米、从上起4厘米，这就足以描述某一点的位置了。平面上的位置用两个数字表示，所以平面也被称作二次元空间。

如果是书的纸页，还能将其加工成比单纯二次元空间的形状更为复杂的二次元空间。

比如将这本书的一页撕下后卷起来做成圆筒形（图4-1）。圆筒的表面与书页原本的形状不同，形成了另一种二次元空间。

接着再进一步将圆筒弯曲，使其上下端相连构成"甜甜圈"的形状。

甜甜圈的表面既不是普通的平面，又和圆筒表面的形状不同，形成了另一种类的二次元空间。这种形状有T^2的别名，不过这里不记住也没关系。

甜甜圈的表面特征是没有边缘也没有尖端，而宇宙论最主要研究的就是无边无端的空间。

此外，它还有另一个特征，即在其表面行走的话，最终都会回归原点（附近），不能到达无限的远处。简单来说，就是有限。

像这样（无边无端的）有限空间被称之为"闭合"。甜甜圈表面这样的二次元空间是闭合的。这个用词有点奇妙，却是实际的数学用语，数学家也许不太会挑选单词。

下面再介绍一种闭合的二次元空间，即球的表面这种二次元空间。请想象地球表面，这种二次元空间别名S^2，这里也不必记住。

除了甜甜圈和球体表面以外，还有无数闭合的二次元空间，此处不再赘述。

这些形状不同的二次元空间，更便于各位理解接下来要介绍的不同形状的三

① 准备长方形的平面　② 卷起来上下相连

③ 接着再左右相连

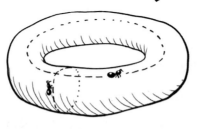

在这个空间内
无论往上还是
往下都会回归
原点

在这个空间内
无论往左还是
往右都会回归
原点

"甜甜圈的表面"是称之为 T^2 的二次元空间

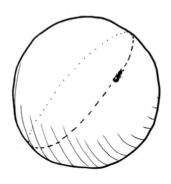

在这个空间内
无论往哪个方向
走都会回归原点

"球体表面"是被称为 S^2 的二次元空间

图 4-1　二次元空间的例子

次元空间。

三次元空间也包括无数种类。有类似球体表面性质的，也有类似甜甜圈表面的；有无限体积的开放三次元空间，也有封闭的有限三次元空间，总之各色各样。

有的空间内无论你往哪个方向前进都会回归原点。类似甜甜圈表面或球体表面形状的封闭三次元空间。

有的无论你往哪个方向前进都回不去原点，它是无限扩展的。类似无限扩展的纸面形状的三次元空间具有这种性质。

那么，宇宙的整体形状究竟是怎样的呢？想象中的宇宙又是怎样的呢？是否越来越难以想象了呢？

要思考宇宙的形状，就不得不考虑我们所在的宇宙是否有边缘、是有限的还是无限的等一系列问题。

"用望远镜能看到自己的后脑勺"

我们所居住的宇宙形状是否是无限种类的三次元空间中的一种呢？当时还不得而知。（实际上形状也一样。）

总之，爱因斯坦先假定其为最简单的有限封闭三次元空间，相当于四次元球体表面的三次元空间（图4-2）。它的别名是S^3。由于"相当于四次元球体表面的三次元空间"这个描述写起来太麻烦，后文都使用S^3。

S^3具有类似"（三次元）球体表面的二次元空间"的形状。

（三次元）球体表面无论往哪里延伸，绕球一周后都能回到原来的位置，无论往哪个方向前进都如此。

同样，在S³宇宙中居住的人即使利用火箭远航，也只会绕宇宙一周回到原点，无论往哪个方向前进都如此。

不仅是火箭，发射光也只会绕宇宙一周回到原点。也就是说，如果看到来自宇宙另一边的光，那么它可能是过去从自己所处的位置出发后绕宇宙一圈回来的光。

爱因斯坦将其描述为"用望远镜能看到自己的后脑勺"。不过，要能看见后脑勺，只有架好望远镜，等待从自己后脑勺发出光绕宇宙一圈后的那个时刻。

爱因斯坦的狼狈

既然决定了宇宙的形状，接下来就试着代入相对论的引力场方程，别名爱因斯坦方程式。

相对论的引力场方程能解各种宇宙模式。$x+1=2$这个方程式的解只有$x=1$，但$x^2=1$这个方程式的解却有$x=1$和$x=-1$两个。不同方程式有各种不同的解。引力场方程是有多种解（宇宙解）的方程式。其中应该有一种能表现宇宙的解。

爱因斯坦试着计算，但很快就感到狼狈不堪，因为不存在定态的宇宙解。解出来的宇宙或是膨胀或是收缩，无法走向合理的命运。

爱因斯坦相信这个宇宙是定态的，以过去、未来永远不会变化的姿态存在，因此不存在定态解让他意识到了自己理论的缺陷。

看似三次元球体表面，却是"四次元球体表面"的三次元空间。

他认为，由于广义相对论是不完善的，所以只能得到像膨胀解这种"非现实的"解，显然自己的理论还有不足之处。那么，不足之处究竟在哪呢?

爱因斯坦感到狼狈之后，决定修正自己的引力场方程。他给引力场方程附

看似三次元球体表面，却是"四次元球体表面"的三次元空间

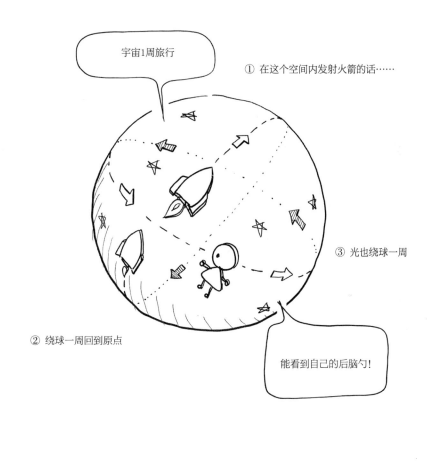

图 4-2　称作"四次元球体表面"的三次元空间S^3

加了新的定数项后重新发表。附加了被称作"宇宙项"或Λ的定数项的引力场方程，不仅能得到膨胀解和收缩解，还允许定态的宇宙解。

1917年，《用广义相对论对整个宇宙的考察》[1]论文发布。

这是人类第一篇有关宇宙论的论文，爱因斯坦应用自己的相对论开创了研究宇宙形状（和变化）的新学术领域，在科学史上刻下了天才的一笔功绩。

过于自由的宇宙世界说法

奇怪的宇宙说法层出不穷，退缩的天才

爱因斯坦于1915年提出广义相对论，第二年接着提出了宇宙论（宇宙空间有限无界的假说）。众多研究者群体痴迷于该崭新的物理学理论，纷纷着手研究。

他们在发现宇宙的膨胀解和收缩解之后，立刻毫不犹豫地发表了出来。

1922年，苏联的亚历山大·弗里德曼（1888—1925）发表了包括膨胀解与收缩解在内的宇宙解。1927年，比利时的乔治·勒梅特（1894—1966）再次发现膨胀解。（勒梅特于1923年被任为天主教祭司，属于经历略有不同的宇宙论研究者。）

对于意气风发的年轻人接连发现的宇宙解，爱因斯坦并没给什么好脸色。他对非定态的宇宙解评价极为苛刻，批评其在数学上虽有可能实现，但在现实上不能实现。爱因斯坦认为变化的宇宙或有始有终的宇宙有一种难以忍受的不自然感。

在层出不穷的宇宙解中，是否真有适合该宇宙的现实的解呢？要作出判断就

必须进行观测，舍弃不符合观测数据的解，留下的解就是表现这个宇宙的解。

那么，究竟要观测什么才能了解这个宇宙的形态呢？通过天文望远镜究竟能发现什么？是自己的后脑勺吗？

四散的银河

美国的威尔逊山天文台的天文学家埃德温·哈勃（1889—1953）利用望远镜观测远方的河外星系时，发现了"变星"，这是了解宇宙形状的关键。

所谓变星，是指或明或暗变化的恒星。无论在我们的银河系中，或者在（利用大型望远镜观测的）远方河外星系中，都能发现变星。

其中名为"造父变星"的一种变星，它的亮度变化周期越长，亮度越亮。因此，只要能测定其周期，就能得知其亮度。

利用这一点，就能求得远方河外星系的距离。首先，使用大型望远镜找到远方河外星系中的造父变星，测出其周期；接着，求得其亮度；最后，比较外观亮度就能得知我们离该河外星系的距离。其原理如同将灯泡放在远处，它的亮度看起来会变暗，因此利用外观亮度就能求得距离。

哈勃利用望远镜的极限性用来求得远方河外星系的距离，并进一步测定了该河外星系的移动速度。

要测定河外星系的速度，就要利用"多普勒效应"。所谓多普勒效应，是指从远方河外星系发出后传到我们所处位置的光的波长变长、频率变小的现象。相反，近处银河传来的光的波长变短，频率变大。

调查来自河外星系的光，可以发现来自氢原子的辐射等能在实验室重现的物理现象造成的光。而如果实验室所得到的波长与来自河外星系的波长相比较后发

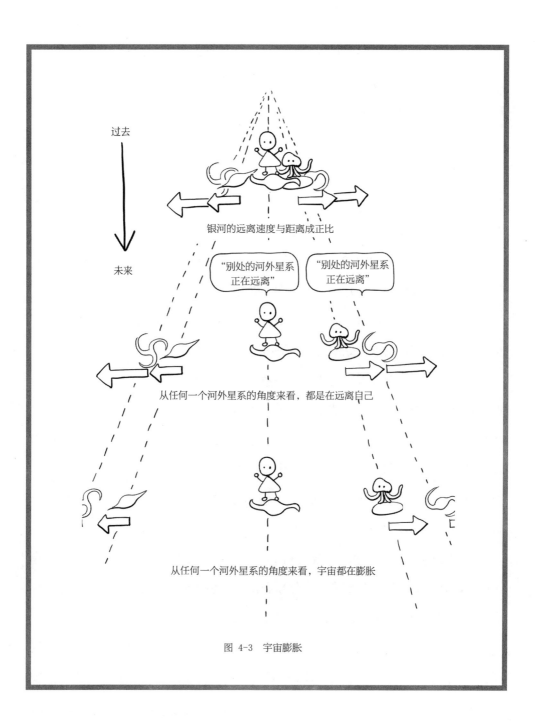

图 4-3 宇宙膨胀

现有微妙的误差，就是因为来自河外星系的光出现了多普勒偏移，这也能用来测定河外星系的速度。

利用这两种手法，哈勃接连测出了河外星系的距离与速度，于是（他认为）发现了一种模式。

令他震惊的是，存在于这个宇宙的河外星系基本上正在远离银河系，并且越是距离远的河外星系，远离的速度越快。以我们的居住地为中心，河外星系就像蜘蛛幼虫一样四散逃离。

这究竟是这么回事呢？我们的银河系被其他河外星系排斥了吗？银河系是类似宇宙中心这样特别的场所吗？

不，实际上宇宙中所有河外星系几乎都在远离其他河外星系，如图4-3所示。

所有河外星系都在彼此远离，河外星系间的距离则在这一瞬间扩大，这就是宇宙正在膨胀的证据。哈勃率先发现了宇宙膨胀，所以表现该宇宙的解就是膨胀解（之一）。

哈勃拥护派和观望派

1929年，河外星系以距离为正比，彼此远离的法则——也就是哈勃定律[2]一经发表，立刻让宇宙论研究者们亢奋不已。

勒梅特立刻就表示这是膨胀解的证据，而如果膨胀解是这个宇宙的正确解的话，那么可以认为过去的宇宙要更小。他指出，宇宙有初始，最初是从"初始原子"（primeval atom）诞生的。这种说法相当具有诗意。（作为天主教祭司的信仰与对于宇宙的探究之心让他的内心更为细腻。）

但并不是所有宇宙论研究者都和勒梅特一样对膨胀解怀着强烈的信仰，对于哈勃的观测结果，还是有人持怀疑态度。

理由之一是，哈勃的初期观测并不是很值得信任。哈勃所提出的先驱性结果与如今的观测结果相比有一定劣势，100万光年外河外星系的远离速度以比现在的测定值所推算的速度快8倍。

远方河外星系的远离速度能告诉我们，宇宙从勒梅特所说的"初始原子"状态到现在的状态所需要的时间，也就是宇宙的年龄。如果使用哈勃的初始测定值，那么宇宙的年龄大约是20亿年左右，这就与地球岩石的年龄在40亿—50亿年相矛盾。显然地球不可能比宇宙的年龄更大。

那么，哈勃的报告也就不可全然相信了。这也是大多数宇宙论研究者不能马上接受初始原子这一结论的原因之一。

在那之后，许多研究者又用各种手法进行了进一步观测，逐步改善哈勃定律，使其与其他证据条理相符，但这还需要一定时间。

米尔恩宇宙爆炸

和爱因斯坦一样，也有不少人对这个宇宙在数十亿年或数百亿年之前只是一颗初始原子的描述表示抵触。

一些人开始寻找即使宇宙膨胀但依然不会变化的宇宙解。

提出的宇宙解中包括无视客观观测事实的，或是不变更已知物理法则就无法成立的各种极其勉强的宇宙解，都是这个宇宙中不可能存在的东西。

英国宇宙物理学家爱德华·亚瑟·米尔恩（1896—1950）提出，在广大的宇宙中，也存在河外星系爆炸性四散的宇宙模式[3]，即米尔恩宇宙。

米尔恩宇宙极其广阔，无法观测它究竟有多大。米尔恩宇宙整体适用广义相对论的某个解，相信宇宙是定态的，人只要假定广义相对论的某个定态解即可。

数十亿或数百亿年之前，米尔恩宇宙的一角发生了大爆炸，其原因不明，但引发了约等于数百亿个河外星系加在一起那么大质量的大爆炸。

在飞散的碎片中诞生了河外星系，诞生了太阳系，诞生了地球和人类，而人类开始观测宇宙。

人类从过去大爆炸的残留碎片中发现了自己。由周围的碎片形成的河外星系都在远离自己，且远离速度与距离成正比，也就是发现了哈勃定律。

这就是米尔恩所提出的宇宙模式，如图4-4所示。

了解"远方河外星系以和距离成正比的速度远离"的哈勃定律之后，大概不少人能想象出类似米尔恩宇宙这样的宇宙模式吧。那么这里就有必要稍微解释一下，米尔恩宇宙与现实宇宙究竟有哪些不同了。

米尔恩宇宙模式与膨胀解不同，宇宙空间本身不需要膨胀。（虽然米尔恩宇宙整体即使存在某些膨胀解也没有矛盾，但特意采用米尔恩宇宙来取代膨胀解也没有任何好处。）

因为即使我们银河系附近，在数十亿或数百亿年之前发生过大爆炸，米尔恩宇宙整体的未来和过去也能解释为定态的存在，这满足了喜欢定态宇宙的人。

但令人遗憾的是，米尔恩宇宙模式与观测不符，尤其是无法解释后述的宇宙微波背景辐射。因此这种模式在现在的宇宙论教科书中仅作为异端宇宙论来介绍。

不过，现在初学者偶尔还是会以米尔恩宇宙这类概念来解释哈勃定律。虽然这是种误解，但在学习广义相对论时，纠正错误的概念是很常见的事。

不过，也有极少数拒绝承认错误、固执于自己的解释之人。这显然就是不可

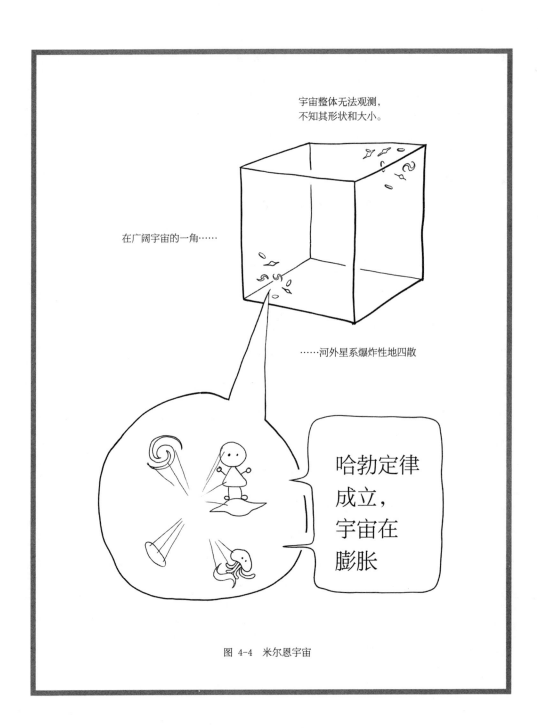

图 4-4 米尔恩宇宙

理喻的了。笔者在天文学会中也曾听过类似米尔恩宇宙的谬论演讲。(不过米尔恩宇宙论在发表之初确实是一种严肃的宇宙模式,并非谬论。)

霍伊尔,从无到有创造物质

此外,也有人提出了在承认宇宙膨胀的基础上,未来和过去都永远不变的宇宙论。

其一就是英国剑桥大学的教授弗雷德·霍伊尔(1915—2001)等人提出的稳恒态理论[4][5]。

稳恒态宇宙与勒梅特的膨胀解一样,(大致上)是依照广义相对论的膨胀原理,因此哈勃定律在这个宇宙也成立。

勒梅特的膨胀解是,随着膨胀,宇宙的密度降低,逐渐变得空荡荡的。换句话说,过去的宇宙是高温、高密度的。

但在稳恒态理论中,即使膨胀,宇宙密度也不会降低,因为真空中会涌现新的物质。从空无一物中不停地出现物质就是这个宇宙模式的本质(图4-5)。

这就打破了质量守恒定律和能量守恒定律等物理学的基本法则,因此让人觉得不可置信。

不过,稳恒态支持者对此提出了反驳,他们认为保证宇宙密度稳定所必须的物质创造量是微乎其微的。

最初的估计大约是,1立方米的空间1年产生1 000个氢原子就能保证宇宙密度稳定。这种程度即使打破质量守恒定律和能量守恒定律,也不会被人类的实验和测定发现,因此质量守恒定律和能量守恒定律也依然算是成立的。稳恒态支持者认为,实际上,在宇宙中这种程度的物质创造是经常发生的。

在稳恒态宇宙中，随着宇宙的膨胀，河外星系与河外星系彼此之间的距离逐渐变远，但河外星系与河外星系之间莫大的空间会慢慢产生氢原子或其他粒子，逐渐积累成气体，因引力而汇集，长年累月之下形成新的星体或河外星系。所以即使时间流逝，宇宙也能保持一定密度，在过了几十亿甚至几百亿年之后，依旧保持不变。

稳恒态宇宙在必须变更物理法则这一点上有些勉强，但永恒不变的恒定宇宙具有极大的魅力，因此这种宇宙论得到了部分人的强烈支持。

遗憾的是，这种具有魅力的宇宙论也与后述的宇宙微波背景辐射等多种测定结果相矛盾。不过，现在偶尔也会有基于稳恒态理论的"异端"论文发表，其实也是很有趣的事情。这也说明了恒定宇宙的吸引力吧。

爱因斯坦的失败

虽然哈勃最初的测定值稍有些偏差，但如果宇宙膨胀这一基础原理没有错的话，定态解就是不符合该宇宙的非现实解了。

这样一来，为了使定态解成立而混入引力场方程的"宇宙项"就没有存在的理由了。虽然不是说没有理由就一定不会存在，但爱因斯坦似乎也发现了这是无意义的东西。据说，他将加入宇宙项这件事称作是"人生最大的失败"[6]。

不过，传出这个小故事的人是出生于苏联的美国研究者乔治·伽莫夫（1904—1968），他喜欢吹牛，所以这个趣事中也可能有夸张或玩笑的成分。

玩笑归玩笑，但世纪天才阿尔伯特·爱因斯坦确实有着波澜壮阔的一生。他曾就职于瑞士专利局，并在工作期间发表了后来获得诺贝尔奖的狭义相对论和光电效应相关论文。（虽然这让人担心他是否认真对待了专利局的工作。）

图 4-5　物质诞生宇宙

很少有人知道，同一时期爱因斯坦与大学同学米列娃·玛丽克（后来的妻子）交往，并让她怀孕了。米列娃在匈牙利（现在的塞尔维亚）生下了女儿。据说女儿可能一出生就被送养或很快就去世了，后来科学历史学家对此进行过调查，但并没有下文。

1919年，对犹太人实行差别待遇的纳粹取得了德国政权，身为犹太人的爱因斯坦和第二任妻子艾尔莎逃往了美国。

第二次世界大战开始后，害怕纳粹获得胜利的爱因斯坦与立场相同的犹太物理学家利奥·西拉德（1898—1964）联名给当时的美国总统罗斯福写信，提议开发原子弹。于是，开发原子弹的"曼哈顿计划"开始了。

然而，当原子弹开发完成时，纳粹德国已经投降，希特勒自尽，罗斯福也因病去世。升任总统的杜鲁门对日本使用了原子弹。

1945年8月6日，广岛被投放原子弹，紧接着的9日，长崎也遭受原子弹袭击。两座城市加起来至少有20万人死亡。

原子能被当作兵器使用给全世界科学家带来了巨大冲击。包括爱因斯坦在内的大多数科学家都站在了反对核武器的立场上。

这些明星科学家大多数都是幽默而富有学识的人，据说相当受女性欢迎，也因此导致爱因斯坦与第一任妻子米列娃家庭破裂，第二任妻子艾尔莎也一直因为有不断接近爱因斯坦的女人而痛苦。

"人生最大的失败"这一发言也许只是爱因斯坦随口说的俏皮话罢了，但如果这是出于真心的话，对他而言，比起家庭的失败和大规模杀戮性兵器的开发，宇宙论带来的挫折感更大。（不过，伽莫夫从爱因斯坦嘴里听到这句话也可能是在曼哈顿计划之前。）

宇宙微波背景辐射

通过空调了解初期宇宙的景象

不久之后，人类得到了关于膨胀解的新观测证据，即宇宙微波背景辐射。接下来就对它稍作介绍。

膨胀解是主张宇宙在数十亿或数百亿年前从"初始原子"开始的奇妙理论。

热爱特立独行理论的伽莫夫当时正与研究生拉尔夫·艾舍尔·阿尔菲（1921—2007）一起研究该初始原子的性质。

无论是气体、液体还是固体，所有物质只要受到压力，其体积就会被压缩，且温度会上升。相反，使其膨胀就会让温度下降。空调和冰箱就是应用这一原理来对房间或食材制冷的装置。

要冷却室内，首先需要让被称作制冷剂的物质膨胀，而后借助制冷剂的温度下降来降低室内温度。将热的制冷剂转移至室外进行压缩，虽然它的温度能暂时上升，但很快就会冷却到与室外持平的温度。

按这一原理，在室内重复这种膨胀循环，就能逐步降低室内温度。制冷剂如果是压缩后会变成液体的气体，效果更佳。

如此说来，宇宙在很久以前还小的时候温度应该非常高。远方河外星系与近处银河系在数十亿或数百亿年前浑然一体地挤在一个狭窄空间内，宇宙整体都处于高温高密度状态。

在通常物质都会气化的高温下，恒星和行星都不可能存在。未来会成为构成恒星和行星物质的气体充满了初期宇宙。超高温破坏了原子，电子与原子核四散，甚至原子核也被破坏，到处漂浮着质子与中子。

这就是超高温、超高密度的宇宙初期景象。

解释98%的宇宙物质的由来

时间越往回溯，温度越高，质子和中子也会分解为夸克，但伽莫夫和阿尔菲并不知道初期宇宙形成时有夸克的存在，因此他们的研究只停留在原子核衰变的温度上。

按伽莫夫和阿尔菲的推测，超高温、超高密度的初期宇宙膨胀，质子与中子及其他成分的混合气体的温度在逐渐冷却时，质子与中子互相吸附形成了最初的原子核。

伽莫夫和阿尔菲还大胆地预测，这些原子核继续吸附，生成更重的原子核，而后形成现在宇宙中可观测到的氢和氦和重元素。这就是被称作初期宇宙的元素合成的流程。

伽莫夫于1948年发表了这一概念，并将几乎没有参与研究的汉斯·亚布勒希特·贝特（1906—2005）加为共同作者，以阿尔菲、贝特、伽莫夫联名的方式发表[7]。据说这样做是因为这样一来就符合α、β、γ的单词结构。喜欢奇特理论和爱讲俏皮话的伽莫夫热衷于科学教育的启蒙，著有多部科普书。其中《汤普金斯先生身历奇境》《宇宙=1、2、3……无限大》等科普书都曾是畅销书，让少男少女们体会到了科学的乐趣。

遗憾的是，现在"阿尔菲、贝特、伽莫夫论文"的后半部分被发现有误，初期宇宙在合成原子核时，生成的元素只能形成氢或氦，没有氧和碳元素，重元素是由其他流程合成的。

不过氢或氦是现在宇宙中最为丰富的元素，这两种元素加起来能占宇宙物质的98%。所以，能说明所有物质98%的由来的理论也称得上是极其成功的。"阿尔菲、贝特、伽莫夫论文"虽然遭到了批判，但也因为这个宇宙的元素组成（的98%）与膨胀解的预测一致而广为人知。

霍伊尔命名宇宙大爆炸

两年后的1950年，霍伊尔参加了某个广播节目，将宇宙膨胀说以幽默的方式解释为"宇宙是'砰'的一下开始的"，称之为"Big Bang（宇宙大爆炸）理论"。

于是，之前被称作初始原子的超高温、超高密度的初期宇宙就有了恰如其分的名字，即"宇宙大爆炸"。这一幽默的称呼很快就流传开来，被包括严谨的科学家在内的人在世界范围内广泛使用。

作为命名之父的霍伊尔除了参加广播节目外，还活跃于作家之列，著作不仅有科普书，还有科幻小说，宇宙大爆炸的命名也是他个人品味的体现。

但讽刺的是，霍伊尔是支持稳恒态学说的定态宇宙论者，对于宇宙大爆炸理论是站在批判的立场上，给其命名也并不是出于本意。

彭齐亚斯和威尔逊清扫鸽子粪便

1965年发现了宇宙大爆炸理论的决定性证据，即名为宇宙微波背景辐射（cosmic microwave background Radiation，CMBR）的物理现象。（可惜的是这次没有像霍伊尔这样的人来为其命名。）

美国贝尔研究所的阿诺·彭齐亚斯博士（1933—）与罗伯特·威尔逊（1936—）进行了从卫星接收电波的实验，发现了来自宇宙的奇妙杂音。被称作"微波"的电波来自宇宙的各个方向，通常保持不变的强度。为了确定不是装置出了问题，他俩清扫了巨大天线（图4-6）上的鸽子粪，但杂音依旧没有消失。

这种辐射相当于摄氏零下270度的极低温物体所产生的黑体辐射。就像是头顶覆盖着摄氏零下270度的墙壁一样，整个天空都闪耀着微波。

宇宙大爆炸理论的支持者很快就发现了这意味着什么，并为之狂喜。

这是宇宙大爆炸残留的光。彭齐亚斯博士和威尔逊的天线观测到了宇宙大爆炸。

宇宙大爆炸时的宇宙充满了超高温黑体辐射，电磁波也就是光子被其中的电子、质子或其他粒子吸收或辐射，一直重复这个过程。

随着宇宙膨胀的推进，温度降低后，电子或质子开始结合，形成中性氢原子或中性氦原子。中性原子出现后，不再吸收或辐射电磁波，因此光子开始充斥整个空间。

产生中性氢是在宇宙温度降低到摄氏4 000度左右之时，据推测是在宇宙大爆炸经过38万年后。这一段时期的变化被称作"宇宙放晴"。

之后，宇宙继续膨胀，直到现在，宇宙的大小扩大了约4万倍。

随着充斥着飞散的光子的空间逐渐扩展，波长也随之增加，能量较高的伽马射线变成紫外线，进一步提升至可见光的程度，再过一段时间则变成红外线，最后成为微波。

像这样由光子构成的黑体辐射的温度下降，从最初摄氏4 000度冷却到现在的摄氏零下270度极低温。

这就是彭齐亚斯博士和威尔逊的天线所观测到的微波的本质。CMB是宇宙大爆炸以来飞散的光子的最终形态。

宇宙微波背景辐射带来了什么

观测到CMBR也就意味着观测到了宇宙大爆炸时的宇宙。通过这个观测能了解初期宇宙的状态，以及与表现宇宙的膨胀解相关的各种东西。

现在的精密观测已经能计算出哈勃常数、宇宙的年龄、宇宙的物质量等详细信息。比如据最新数据显示，宇宙大爆炸出现在13 799 000 000 ± 21 000 000年前，也就是约138亿年前。

CBMR的发现证明了宇宙大爆炸理论的有效性，它就是宇宙大爆炸理论的强有力证据。彭齐亚斯博士和威尔逊也因此于1978年获得了诺贝尔物理学奖。

再把话题转回宇宙论。

在没得到观测数据之前，符合这个宇宙的宇宙模式究竟是什么？我们可以尽情想象。但在像CMBR这样的证据出现后，显然就不能光凭想象了。已发表的宇宙解和宇宙模式都要测试与CMBR是否有矛盾，如果测试不合格，就会被视作不现实的模式。

当然，即使是不现实的解，在利用广义相对论做思想实验或解谜时也是有意义的，但这不适合用来解释宇宙的成立以及我们为什么存在这一深远而伟大的宇宙论目的。

由于CMBR的发现，宇宙论领域从肆意发表漫无边际的想法和认定人类不可能了解真相的数学家、神学家，以及作家主导的状态转为了能以小数点以下的精度来决定宇宙论参数的精密科学占统治地位的状态。

能解释宇宙膨胀，通过CMBR测试的现在主流的宇宙论自1972年起被称作"标准宇宙论"。这种名称表明了自己才是正统，除此之外都是异端，倒确实是相当厉害的宣传了。

但在精密而标准的宇宙论确立之后，并不意味着一切异端只有皈依或被消灭这两个选项。

即使是能更为精确地测定宇宙膨胀和CMBR的现在，偶尔还是会有一些不符合现存物理法则，并不拘泥于精准测定值的大胆的概念性宇宙论发表。认为多普勒效应与河外星系速度无关，源于完全未知的物理效应，早就生成了与定态宇宙无关的物质等异端宇宙论虽然并没有得到主流支持，但今后也不会少见。

此外，随着人类观测技术的进步，宇宙还将会展现出超乎我们想象的未知一面。

漂浮在宇宙中未知的"暗物质"的存在，以及不明正体的"暗能量"的发现都动摇了原本标准的宇宙论。暗能量让爱因斯坦自称"人生最大失败"的宇宙项重新复活成宇宙论。

本书的下一章将介绍这些动摇标准的正统宇宙论的新事实及其解释。

乌云五

暗物质和暗能量

宇宙空间中漂浮着大量与普通物质不同的"物质"，这是困扰天文学家的难题。

这种正体不明的物质不会放射可见光和电波，人们观测宇宙时无法捕捉，于是被无奈地命名为"暗物质"（Dark matter），意思是"不可见的物质"。

有人认为暗物质可能是"某种基本粒子"，但任何地面实验都无法确认这种基本粒子，谜团进一步加深。

另一方面，最新观测发现宇宙膨胀加速，这被认为是不可见的能量——也就是"暗能量"（Dark Energy）充满了宇宙的证据。

不过暗物质与暗能量等正体不明的存在被接连发现，且不符合逻辑，不禁让人产生了"爱因斯坦的引力理论是否错了"的深度怀疑。

发现"看不见的物质"

我们都是"银河系人"

稍微整理一下之前的宇宙论会发现，所谓"河外星系"就是恒星和气体

（以及稍后介绍的暗物质）的集合体，是距离我们数万光年到数十万光年的巨大天体。

我们所居住的"银河系"是由约1 000亿颗恒星构成的广阔星系。我们的太阳不过是这1 000亿颗恒星中的一个。这1 000亿颗恒星当然是无法用眼睛一个个去区分的，所以从远处眺望银河系的话，就像是一团光辉的云层似的。

但还没能够从外部眺望银河系的地球人（银河系人），因为要发射火箭或探测器到足以一览银河系全貌的距离，至少需要10万年的时间。

大量河外星系漂浮在这个宇宙中。比如大麦哲伦星云、小麦哲伦星云、仙女座星系等都算是称得上邻居的近距离（16万光年～250万光年）河外星系了，肉眼能够看见。在天气好的秋天傍晚，没有路灯和霓虹灯的时候眺望天空，就能在仙女座附近看到模糊的云状天体，它就是仙女座星系。而大小麦哲伦星云则位于南方天际，只有在南半球才能看到。

河外星系大多都非常遥远，肉眼可见的河外星系基本上仅有这三个。预测在宇宙（原理上）能观测到的范围内有数千亿个河外星系，但肉眼可见的屈指可数，所以从这个意义上来说，河外星系也是不可见的。

在数千亿个河外星系中，能用望远镜确认并记录位置的仅有数百万个。没被观测和记录的河外星系占压倒性多数，人类甚至不知道它在哪里。因此人类其实几乎不了解宇宙。（这也是本章的主题。）

宇宙最大的天体——河外星系

河外星系究竟是怎样的存在呢？面对这种疑问，本文接下来就进一步介绍河外星系的存在。

宇宙中漂浮着的无数河外星系普遍都不是均等分布的，有的河外星系就像是鳉鱼一样到处聚集，被称作"河外星系团"或"河外星系群"。河外星系群是只有数十个河外星系的小型集群，河外星系团则是有数百个河外星系的大型集群，不过本书中都将其大致统一称作河外星系团。

河外星系团的直径约为数百万光年到一千万光年，河外星系团与河外星系团之间是几乎没有星系的空荡荡的区域。河外星系团就是宇宙中最大的天体。

我们所处的银河系是名为"局部银河群"的银河群成员之一。（这里又出现了容易让人混淆的固有名词。为什么天文学者要把自己所居住的天体取成太阳系、银河系或局部银河群这种谦逊但没个性的名字呢？）

这一集团所属的最大河外星系就是仙女座星系。大小麦哲伦星云也是其中的一员。

局部银河群作为我们居住的银河系所在的星系团，被人类进行了最详细的调查，共发现了包括小型黑暗星系在内的数十个星系成员。

顺带一提，河外星系的中央往往是由巨大的"椭圆银河"以主人的姿态坐镇。椭圆银河被认为是河外星系之间碰撞、合并而形成的。我们的局部银河群内并没有这种主人型的椭圆银河，但预计银河系与仙女座星系会在数十亿年后碰撞、合并，从而形成椭圆银河。也许在数十亿年之后，就能见证局部银河群的主人诞生。

兹威基的"冰冷的暗物质"

1933年，加利福尼亚大学的弗里茨·兹威基（1898—1974）凭借威尔逊山天文台的大型望远镜（几乎与哈勃同时发现宇宙膨胀）测定了后发座星系团的质量。下面就介绍兹威基所提出的测定手法。

仔细观察会发现，河外星系是围绕着河外星系团的中心来旋转的，就像是在名为河外星系团的水槽中游泳的鳟鱼一样，但绝不会脱离河外星系团向外飞走，因为鱼是不可能跳出水槽的。由于受河外星系团的引力牵引，河外星系经过数十亿年之后，逐渐画出一道弧线向中心方向飞去。人类还无法持续如此长时间的观测，所以不能目击其弧形轨迹的实况，但理论上应该是如此变化。因此，河外星系团能在不失去任何河外星系成员的情况下永远存续。

河外星系的成员受引力约束的情况也被称作"被引力束缚"。

测定银河系缓慢的移动速度——或者用更专业一点的说法，测定"速度分散"后，就能弄清束缚它的河外星系的引力，知道引力就能测出河外星系的质量。

无论引力源是什么种类的物质，也无论它是多么难以观测的天体，都能像这样根据引力计算出其质量，因此被认为是值得信任的。

兹威基使用该手法第一次测出了河外星系这个宇宙最大物体的质量，为此狂喜不已，因为所得到的质量极其巨大。

河外星系是银河系的聚集体，银河系又是恒星与气体的聚集体，所以将恒星与气体的质量相加也能通过别的方法得出银河系与河外星系的质量，但根据引力所得到的质量比这种累加的方式所得到的"可见质量"要大得多。根据现在的测量值来看，河外星系的质量是预测质量的5倍左右。

河外星系的质量基本由不可见的东西构成，也许这一点给了兹威基灵感，他将其称作"冰冷的黑暗的物质"（德语）。

这个称呼比当时的人所想到的更为正确。50年后，在某种程度上了解这种物

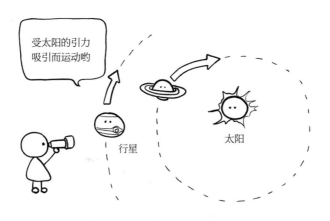

从行星的速度可知太阳的质量

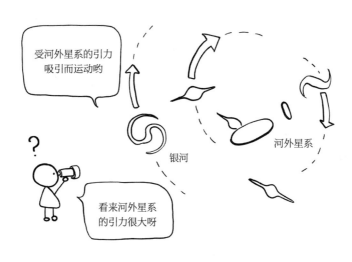

从银河系的速度可知河外星系的质量

图 5-1　河外星系质量测量方法

质的性质后，人类称它为"cold dark matter"（冰冷暗物质）。这不由得让人想起它刚被发现的时候，在所有人都不知道其正体的情况下所取的那个预言性的名字。

令人惊讶的先驱性和令人遗憾的性格

兹威基不止一次发挥这种令人惊讶的灵感，典型的例子就是对超新星的研究。

1934年，兹威基与同事沃尔特·巴德（1893—1960）共同在威尔逊山天文台发现了超强爆炸现象，将其命名为"超新星"（Super nova）后将发现的成果发表。

发现超新星本身就是巨大的成果，但兹威基的想法可不止于此。他将超新星和1932年刚发现的新粒子"中子"相结合，认为是恒星变为中子的巨大凝聚体"中子星"后引发超新星爆炸，并发表了这个极为正确的假说。

然而，当时并不存在能验证该主张的观测技术和观测数据。兹威基看似毫无根据的说法遭到讥讽，而后搁置了很长一段时间。33年后，当真正的中子星被发现时，才证明了兹威基假说具有令人惊讶的先驱性。

兹威基所发表的大量论文和研究虽然充满了奇思妙想，但其论点往往欠缺说服力和依据。当时还是加利福尼亚大学工科学生的威廉·福勒也证实兹威基发表的东西经常含有对他人激烈的攻击之言。许多人都评价兹威基是个爱好吹牛、认为其他人都是错的、毫无教养、不懂得自控的人。

性格有问题的研究者并不少见，本书中也介绍了几位这种令人遗憾的科学家。由于才能与性格无关，所以健全的科学思维也可能栖息在拥有不完美性别的头脑中。只要主张正确就不问其性格，从这一点来看，科学界也可以说是极其公平的，但兹威基发表的东西大多没有根据，这作为研究者来说就说不过去了。

不过，兹威基提出的通过测定河外星系中某个河外星系的移动速度来计算河外星系团质量的方法广泛适用于河外星系团。

而每次使用后所求得的质量，都比能够观测到的恒星和气体等的质量要大。利用观测充满河外星系团的高温气体等其他方法所测定的质量结果也一样。另外，每个河外星系都有大量不可见的质量这一点也得到了证明，河外星系团与河外星系都含有大量不可见的质量。

这就是"暗物质"被发现的起点。

暗物质究竟是什么？

有说法认为暗物质是没有光的星星

天文学界经常制造诸如超新星、宇宙大爆炸、黑洞等漂亮的专业用语，其中"暗物质"和"暗能量"这两个单词无论是其奇妙的发音还是其不明正体的含义，都算得上是完美的科学用语了。正如之前所说的一样，"暗"这个词含有"看不见""无法检测"的意思。

那么，这种奇怪的暗物质究竟是什么呢？人们提出了各种想法。

首先被想到的是，它也许是像行星或彗星一样漂浮在宇宙空间里的自身不会发光的大量超小型星体（图5-2）。

超小型星体与太阳这样的恒星不同，自身不发光的理由只是单纯地归为质量

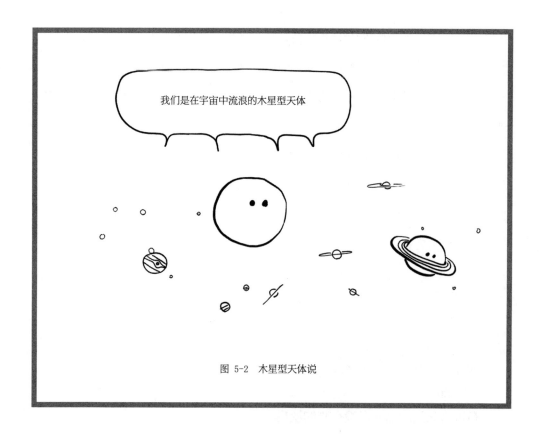

图 5-2　木星型天体说

太小。如果是质量较大的行星或彗星，那么随着内部密度和温度的升高会出现核融合，而后变成能够放射光和热的恒星，从而被望远镜观测到，也就不再是暗物质了。

　　另一方面，如果超小型星体过小的话，也不配称作暗物质。质量太小的天体难以保持氢元素，而氢占宇宙质量的比例是非常大的，因此，无法捕捉氢的小型天体几乎不计入宇宙质量中，这也就不能成为暗物质了。

　　用小型天体来解释暗物质就意味着它的质量大小必须足以保持氢，但又不足以产生核融合，也就是需要大量与木星差不多大小的星体。至于需要多大量，据估计，一个太阳大小的恒星需要5 000个木星大小的小型天体。

这种小天体型暗物质，根据其质量、分布、性质及命名者的爱好，有着"黑矮星""褐矮星""木星型天体""微型天体""MACHO"（男子汉）等各种各样的名字。

尽管人类依靠常识检测出这些小天体，但根据观测数据显示，它们的总质量达不到恒星的5倍，数量也没有5 000倍。

小天体型暗物质的概念在其性质上不符合多数观测结果，目前并不认为它是暗物质的主要成分。

有说法认为暗物质是黑洞

一提到不发光的物体，就会联想到黑洞。暗物质就是黑洞的假说无异于两个正体不明的谜团的叠加，反而更具魅力。

在银河系内，或者说在局部银河群间隙的黑暗中，究竟默默地漂浮着多少个黑洞呢？谁也不知道正确答案。从这个意义上来看，我们无法完全否定这种假说，但从观测到的黑洞来推测的话，很难将所有暗物质都解释成黑洞。

正如《乌云二》中所介绍的一样，从2017年到现在，已观测到的黑洞分为多种类型（图5-3）。

其中一类是由约太阳质量数十倍大小的黑洞与普通恒星构成的联合星系，被称作"黑洞X射线双星系"。恒星的气体在流入黑洞时会放射出X射线，因此能被X射线望远镜发现。

我们的银河系内已经检测出了数十个黑洞X射线双星系。至于为什么用"数

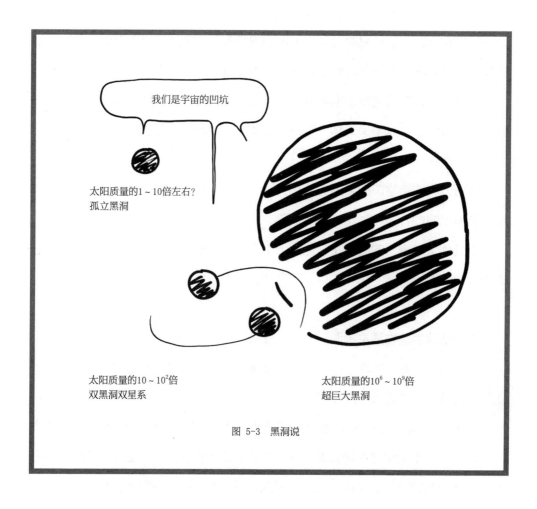

图 5-3 黑洞说

"十个"这种模糊的定语，是因为在放射X射线的双星系中，还有一部分目前无法判定其究竟是黑洞还是中子星。

黑洞X射线双星系本身数量很少，并且能够观测到，因此也不可能是暗物质。不过从黑洞X射线双星系的数量就能推测没有成为双星系的孤立黑洞的数量。这样一来，将约为太阳质量数十倍左右的孤立黑洞全部相加，也达不到普通恒星之和的5倍，显然也失去作为暗物质的资格。

黑暗且沉重，但量不够

最近，又有了用其他手段来估测是太阳质量数十倍到100倍的黑洞数量，这就是引力波。

2015年9月14日，人类历史上第一次检测出了引力波。这个引力波是由于36倍于太阳质量的黑洞和29倍于太阳质量的黑洞互相碰撞、合并，在形成62倍于太阳质量的黑洞的过程中产生的。

这一发现让人类了解到，数十到100倍于太阳质量的黑洞在宇宙中会频繁发生碰撞。我们将该类型在本书中暂且称作"双黑洞双星系"，因为它目前还没有正式名称。

第一台引力波检测器真正开始运作后，就连续报告了多次黑洞碰撞、合并。显然，数十到100倍质量于太阳的黑洞远比我们以前想象的更多。

但它作为暗物质仍旧不够。此外，这种黑洞所分布的位置与河外星系内恒星分布的位置有所重叠，那么，这就与暗物质的存在场所相矛盾了。

黑洞还有一种类型是超巨大黑洞，它的质量约等于太阳的数百万倍到数百亿倍。观测附近河外星系的中央就能发现这种超巨大黑洞。

据推定，这些超巨大黑洞应该是数十倍到100倍于太阳质量的黑洞反复合并形成的。

它作为极其重要的研究对象，让许多天文学家如痴如醉。但作为暗物质，它的总质量和存在位置都不符合条件。

黑洞因其黑暗和沉重被推荐为暗物质的选项之一，但目前所发现的种类在经过研讨后认为都不合格。以现状来看，还未发现的黑洞中也不太可能有大量符合暗物质解释的种类。

有说法认为，暗物质是中微子

有说法认为，真正的暗物质既不是木星型天体，也不是黑洞，而是更小的、充满宇宙的基本粒子。

从结论来看，现在作为暗物质候补选项最有力的确实是基本粒子。其他选项几乎都不符合结论。

基本粒子中含有正负电荷的粒子会吸收和放射电磁波，也就是会发光，显然不属于暗物质。而如果不是（像质子一样）稳定且不会衰变的基本粒子的话，自宇宙诞生以来这138亿年间应该早就衰变，不可能成为暗物质。

在这些基本粒子中，最先被讨论的就是中微子（图5-4）。之前介绍过，中微子是质量小到可以忽略不计的基本粒子，但不少人认为这种轻量的粒子如果大量存在的话，也许能成为暗物质。

宇宙大爆炸发生时，超高温、超高密度之下形成和消灭了巨量的中微子和其他粒子。而后温度逐渐降低，中微子的产生和消灭也随之停止。不过我们认为在停止时，宇宙中已经还残存着大量中微子。

中微子是最稳定的，即使与普通物质碰撞也不会崩溃，自宇宙大爆炸以来，在宇宙空间中穿行了138亿年，至今仍到处都是。我们将这称作"宇宙中微子背景辐射"，不过要考证它是否就是真正的暗物质，还需要解开一系列谜题。

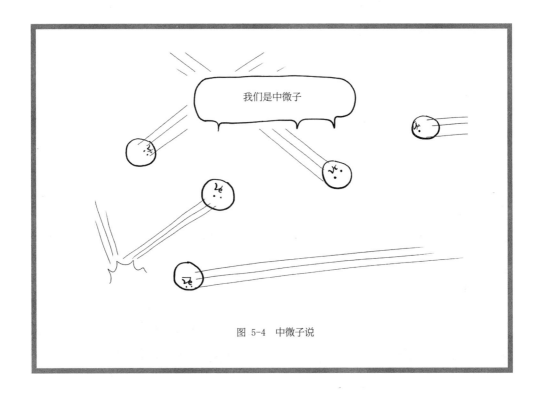

图 5-4　中微子说

比预想的轻

对于"暗物质=中微子"这一说法的支持者而言，比较遗憾的一点，同时也是对其他说法的支持者而言令人欣喜的一点是——1个中微子的质量比预想的更轻。

暗物质的真正粒子（前提如果是粒子的话）理论上应该是沉重且行动迟缓的。如果是轻盈快速地穿行于宇宙中的粒子的话，彼此不会因引力而相互吸引成团，也就不会出现厚薄不一的聚集体。而河外星系与河外星系团都是被暗物质的聚集体吸引的通常物质，所以，如果不能形成暗物质浓度较高的聚集体，也就不会有河外星系和河外星系团。

也就是说，现在宇宙中河外星系与河外星系团的存在是由暗物质的真正粒子缓慢而沉重地聚集而成的。

缓慢而沉重的暗物质在1983年左右被正式命名为"cold dark matter"，也就是"冰冷暗物质"。兹威基曾说过的话被赋予了新的含义后复活了。可惜1974年他就去世了，没能看到自己的预言成真。

到了1987年，神冈探测器检测出了来自超新星1987A的中微子。这超出预期的巨大成功给物理学各方面都带来了巨大冲击。在基本粒子物理学上，给中微子的质量制定了严苛的上限，因为中微子实在是太轻了。

中微子从超新星1987A的爆炸中心产生，被给予了巨大运动能量后飞散到宇宙空间中。被给予了运动能量的物体，其质量越小，飞行速度越快；反之，则越大越慢。从1987A出发的中微子飞行了16万年，几乎与超新星的光同时到达地球。而与光几乎没有时间差就意味着中微子的速度接近光速，这也是中微子极轻的证据。

到了2017年，已经有其他实验结果表明，电子中微子的质量不到氢原子的十亿分之二。作为其兄弟的μ子中微子、τ子中微子的质量也差不多。因此"暗物质=中微子"的说法就失去了说服力。

有说法认为，暗物质是轴子或超对称粒子或基本粒子

目前能够判明的是，冰冷暗物质的真正粒子至少需要符合以下特征：

· 宇宙大爆炸后经过138亿年未衰变的稳定度。

· 不带电荷，不会吸收或辐射电磁波。

·速度缓慢，能聚成团。

我们所熟悉的基本粒子基本都失去了作为冰冷暗物质的候选项的资格。质子（以及夸克）和电子、中微子等我们身边的粒子全被淘汰。在巨大的粒子加速器中昙花一现的珍贵基本粒子里也没有什么特别值得注意的。要找到符合全部条件的粒子，恐怕跟像辉夜姬的难题①一样困难。

无可奈何之下，最近越来越多的人认为暗物质的真正粒子是人类还未发现的未知基本粒子（图5-5）。一半是推测，一半是希望能解决辉夜姬提出的所有难题的理想型基本粒子真的存在。

而备受期待的、被寄予有希望解决所有谜题的基本粒子包括"轴子""超对称粒子"等。

未曾见过的基本粒子——"轴子"

轴子是基本粒子理论的某个流派所预言的基本粒子，它也是用来说明"电荷均衡保存"的基本粒子。

简单来说，电荷就是我们使用电的时候在线路中流动的东西，它不会突然出现，也不会突然消失。出现导电现象的电子会流向那里，也会流回这里，但在此期间不会产生新的电子，也不会消失。整体电荷是一定的。

---

① 辉夜姬是日本古代文学名著《竹取物语》中的人物，她分别要求五个求婚者，即石竹皇子、车持皇子、右大臣阿部御主人、大纳言大伴御行和中纳言石上麻吕分别为她取来：佛前的石钵、蓬莱的玉枝、火鼠裘、龙头上的珠子、燕子的子安贝以示求婚诚意。结果五人全部失败。

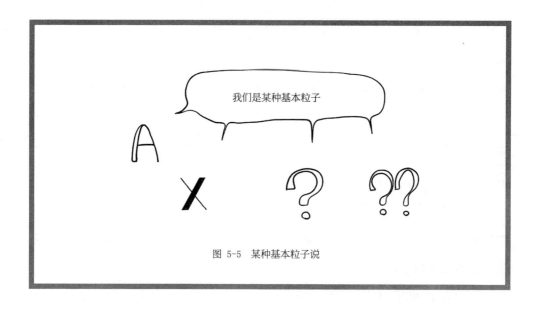

图 5-5　某种基本粒子说

在粒子与粒子的碰撞现象中有时会制造电子等带有电荷的粒子，但此时也会同时制造带有反向电荷的反粒子，因此正负相加，整体电荷没有改变。不变也被称作"保存"，因此电荷也可以说是被保存了。在物理学中又将均衡与保存结合，将其称作电荷均衡保存。通过粒子加速器和原子核反应的反向实验，在自然界中，电荷均衡保存也依然成立。

为什么电荷均衡保存能在自然界成立，目前还是个难解的谜题。人类尝试对其进行说明，其理论就是预言有一种非常轻且反应性较低的新基本粒子。这种被命名为轴子的粒子可能在宇宙大爆炸时大量产生，也可能是暗物质的选项之一。

基于这种思维，研究者一直想要在实验室或宇宙中检测出轴子，可惜至今没有成功。一旦成功的话，不仅能判定暗物质的真身，也能证明电荷均衡保存理论的原理。

基本粒子倍增，超对称性理论的兴起

超对称粒子是另一个理论——"超对称理论"所预言的基本粒子。

该理论认为，还有近一倍种类的基本粒子还未被发现。正如本书图1-2所示，至2017年，人类所知的基本粒子一共有17种，而该理论认为还有与其相对应的17种"超对称粒子"存在。与夸克对应的是"超夸克"（squark），与轻子相对应的是"超轻子"（slepton）。

如果超对称理论正确的话，那么一共有17种超对称粒子，加上一些还未经确认的新基本粒子，存在于世上的基本粒子上升至约40种。这简直像是小钢珠店重装开业一样繁荣的景象啊。

如此多新的基本粒子出现，其中当然可能有成为暗物质候补选项的粒子。从目前来看，很可能是与中微子对应的超对称粒子（的"混合状态"的）neutralino（超中微子）。（超对称粒子的英文并不是都以"S"开头。）

如果超对称粒子就是真正的暗物质，那么研究者预想它在宇宙漂浮期间有一定概率衰变，最终产生电子和正电子。虽然检测超对称粒子很难，但采用合适的检测器有可能检测出它所产生的电子和正电子。比如国际宇宙空间站所搭载的阿尔法磁谱仪（AMS, Alpha Magnetic Spectrometer）。

AMS是2012年由奋进号航天飞机发射，搭载于国际宇宙空间站的。（这是奋进号最后的任务，也是航天计划的倒数第2个任务。）

之后，AMS继续观测宇宙射线，至2017年依旧在运作。而AMS所测定的正电子数据似乎有一部分可解释为受超对称中微子影响。也许漂浮在雨中的超对称中微子在衰变之际产生的正电子真的被AMS检测到了。

但这些数据也可能是附近的中子星或其他原因造成的，一切还要等待后续

观测。

还有更多奇妙的暗物质候补选项

关于暗物质的候补选项，还有人提出了奇妙的替代品（图5-6）。

比如"宇宙弦"。它是细长且沉重的带状物，虽然只有原子核大小，但1米就等于200个地球的质量，长度以光年计算。它的一切都超出正常规格，是难以想象的惊人物体。据说这种带状物诞生于宇宙大爆炸，至今仍在宇宙中漂浮着，或者相互缠绕，或者形成环状。人类尝试用望远镜观测，但目前还没有宣布发现它的报告。

如果宇宙弦是真实存在的话，那么暗物质的真正身份就有可能是它。一想到宇宙中存在着大量的这种物体，就令人兴奋不已。

但让宇宙弦支持者感到遗憾的是，如果5倍于普通物质的宇宙弦真的存在，就会对宇宙大爆炸时期的元素合成造成影响，也不符合观测数据。各种各样的矛盾让宇宙弦就是（所有）暗物质的说法难以成立。

另外，还有人提出某种基本粒子理论，认为宇宙大爆炸时产生了大量"磁单极粒子"，也就是monopole。让人不禁感慨，基本粒子理论究竟有多少列入了暗物质候选项，又有多少研究者参与其中呢？

磁单极粒子就是只有磁石的N极或S极的东西。磁石同时拥有N极和S极，同极相斥，异极相吸。只有N极或只有S极的磁石是不存在于我们身边的。

但这一理论声称，宇宙大爆炸所产生的磁单极粒子在宇宙中到处都是。

说它到处都是显然不符合观测结果，因此这一理论一定有问题，但究竟是哪里出了问题，我们还不清楚。

其他还有各种奇妙的暗物质候选项，其中究竟哪一个是真的呢？那个不对，这个也不符合观测数据，在被接连否认之后，又会有新的更为奇妙的选项出现，这一流程也许永无止境。而且现在的研究者们很喜欢这种循环，也许他们会一直乐在其中吧。

发现"看不见的能量"

进一步加速！宇宙膨胀！！

20世纪末，致力于寻找暗物质正体的天文研究者们突然得到了一个令他们震惊的消息，即暗能量被发现。

哈勃发表宇宙在膨胀的理论震惊世人，让爱因斯坦承认错误是在1929年。之后哈勃所发表的数据虽然被大幅修正，但宇宙在膨胀这一事实没有改变，它每时每刻都在扩大的新宇宙观已成定局。

1995年，比威尔逊山天文台的望远镜更为先进的新观测技术又有了新的发现。

新发现显示，宇宙膨胀是加速的。现在的宇宙比过去的宇宙膨胀速度更快，宇宙膨胀是越来越快。

哈勃在测定地球到河外星系的距离时，利用了造父变星，但这次所使用的手法却是利用了"1a型超新星"。

之前介绍过，超新星是恒星最终崩溃引发的大爆炸，但1a型超新星是另一种不同的大爆炸。白矮星和别的恒星互相环绕飞行形成双星系后，在某种条件下，

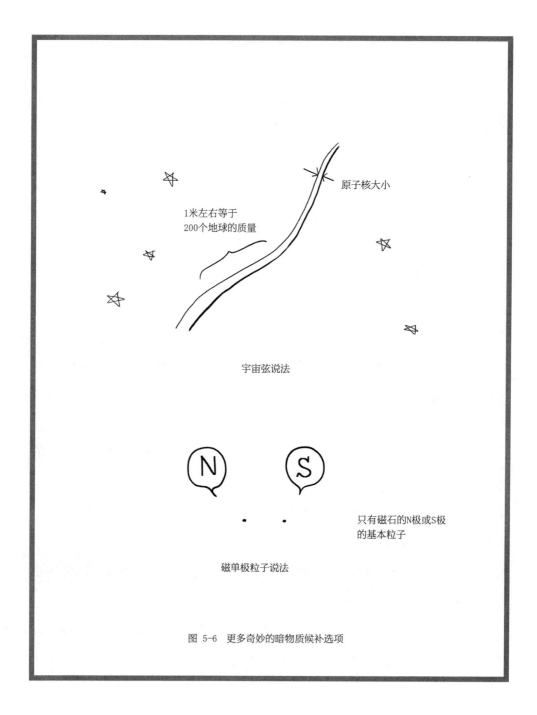

图 5-6　更多奇妙的暗物质候补选项

物质会从恒星降落到白矮星上。这种物质的量超过一定界限后就会引发核融合反应，产生大爆炸，白矮星也就灰飞烟灭了。1a超新星就是这个宇宙的核弹。

由于1a超新星爆炸时的燃料是一定的，因此产生的亮度也基本相同。即使亮度有点儿不规律，只要测到光熄灭的时间就能进行修正。也就是说，只要在遥远的河外星系发现1a超新星，就能测出两者间的距离。

而且它更大的优点在于，由于超新星是极其明亮的爆炸现象，所以即使在几亿光年之前发生也能被发现。

研究团队在大型望远镜上加装了CCD（电荷耦合器件）摄像机，拍摄几千张远方河外星系的图片，然后在2周之后重新拍摄，比较两者的不同。如果拍到亮度增强的天体，就是发现了超新星。发现它之后就用别的大型望远镜测定其多普勒偏移，从而测出宇宙膨胀速度。研究团队凭借这一方法测定了多个河外星系的距离。

通过测定50亿光年以上这种超出我们想象的遥远河外星系的速度与距离，就能以前所未有的精度来测定宇宙膨胀。这种精度的测定不仅能让我们了解宇宙膨胀速度，还能得知时间变化，即过去的宇宙膨胀比现在是快还是慢。

最初，研究者们希望发现宇宙膨胀在减速，因为他们认为宇宙中存在的质量的引力会让宇宙膨胀逐渐放缓。

但随着1a超新星的样本增加，统计精度提高，他们发现结果与预想的刚好相反。过去的宇宙是一点点地缓慢膨胀，现在却越来越快。显然，宇宙膨胀在加速。

2011年，发表加速膨胀理论的两个研究团队获得了诺贝尔奖。

爱因斯坦所摒弃的宇宙理论再次复活

也许你会认为宇宙膨胀是加快还是减慢都无关紧要，但这对于宇宙论来说是极具冲击性的重要概念。

宇宙是按引力场方程膨胀的，如果宇宙膨胀加速，那么加速膨胀的宇宙解就不能作为引力场方程的解了。加速膨胀解存在于在引力场方程中加入宇宙项时。

宇宙项是爱因斯坦发现自己的引力场方程中没有定态解后仓皇附加的。而后由于宇宙膨胀被发现，他认为宇宙项无用了，将其称之为"人生最大的失败"，算是有历史渊源的常量。

也许你会认为有宇宙项的话，宇宙就应该是定态的，但相对论是极其复杂且反直观的，不能简单地一概而论。宇宙项的值与宇宙解的初期值可以显示宇宙在加速膨胀。

通过发现宇宙膨胀，宇宙项再次作为必要的存在重返宇宙论。

从物理学角度来看，宇宙项意味着宇宙空间中存在特殊能量。这种能量最奇妙的一点是，即使宇宙空间膨胀，密度也不会降低。

通常的质量与通常的能量储存在空间内时，容纳它的宇宙空间会膨胀，体积附近的量会减少。但宇宙项的能量能让宇宙空间在膨胀时也不会减少体积附近的量，如同谜一般的存在。

而至今为止，天文学家还没有从望远镜中发现过这种能量。该能量既不吸收，也不放射电磁波，不会被观测装置捕捉。即使人类观测河外星系和河外星系团，也无法得知这种能量究竟藏身于何处。

无可奈何之下，天文学家将其称之为暗能量。

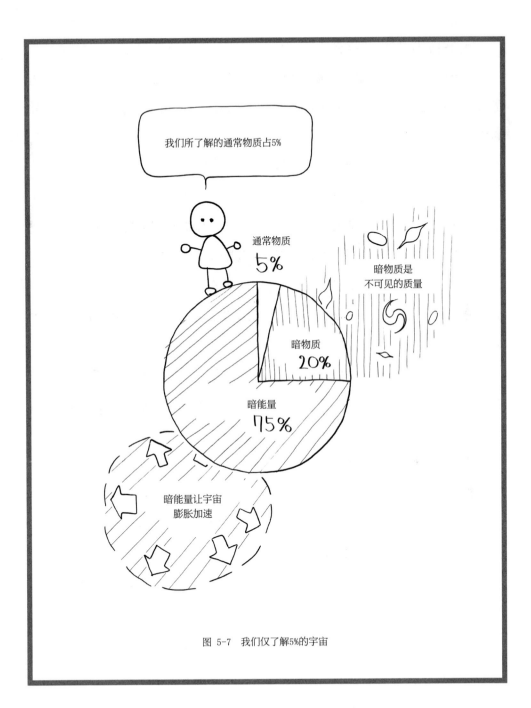

图 5-7　我们仅了解5%的宇宙

我们只了解了5%的宇宙

暗能量的量据估计是通常物质与暗物质相加质量的3倍。换言之，这个宇宙是由75%的暗能量、20%的暗物质和5%的通常质量构成。我们现在只了解宇宙中5%的物质，对剩下的95%一无所知。

20世纪末，人类才发现自己只了解5%的宇宙（图5-7）。

真正的暗能量究竟是什么？在量子力学中有"零点能量"和"纯量场"这些概念，有人怀疑它们是否就是暗能量。也许是因为刚被发现不久，暗能量的候选项并不多，研究者们似乎都还在为发现宇宙膨胀加速而头疼。

不过，不将暗物质和暗能量这些不明正体的存在加入引力场方程就无法解释宇宙解的状态，这多少令人感到不安，从而怀疑引力场方程是不是正确的，人类的理解是否从根本上就有错误。

不，人类其实并不理解引力。本书虽然在《乌云六》用了一章来介绍量子引力，但量子力学与相对论存在不统一，研究者们希望有人能将其归纳为统一的理论。

量子力学与相对论的统一性理论是否不需要暗物质和暗能量中的一种，或者两者都不需要，目前还不得而知。

关于暗物质与暗能量的问题，答案是否会在解开它真实本质的时候出现呢？还是会因为引力理论的变化而导致不再需要它们的存在呢？

不管怎样，在今后的宇宙或引力理论中一定会有人类现在所不知道的新东西出现。

乌云六

量子力学

"量子引力"是统一相对论和量子力学的理论，但经过了半个世纪，集世界第一流的大脑之力，至今仍未完成。

他们的论文充满了复杂的数学概念，没有多年专业知识根本看不懂，也没有研究者能彻底理解对立的理论并判断出究竟哪一个才是正确的。各理论的信奉者都只研究自己流派的理论，呈现出宛如宗教一般的情况。

量子力学的界限

问题是什么

也许各位读者看到现在，会觉得本书中充满了现代物理学难以说明的、充满矛盾的东西，甚至可能动摇自己的基础理念。

量子力学自创始之日起，在观测问题方面就存在根本性的缺陷，宇宙充满了像暗物质和暗能量这样谜一般的存在，人类不知道它们是怎样的形态，也不知道它们扩展到了什么地方。黑洞在末期是否真的会爆炸，也没有人敢确定。

如果给各位读者留下了这样的印象，那么也可以说本书想要给您介绍现代物理学未解难题的意图达到了，但物理学也是解释这个世界是如何运行的最成功和最有效的学科。

力学与相对论能精确计算天体运行，电磁学所预言的电波能传递在空中交流的信息，应用原子核物理的核电站能生产放射性废弃物，流体力学能让飞机起飞和降落。物理学在各方面的巨大成功还在继续。（这里所说的"成功"是指能以物理学方法来进行说明，并不是指成为对人类有用的产品。）

只要特意不（像本书这样）讨论其缺陷部分，就能在不察觉现代物理学的不完善的基础上感谢科学的恩惠。

赞美量子力学伟大的微观世界

（又一次）成为主题的基本粒子物理学领域也一样。

回顾前文可知，我们的身体及身边的物质都是由原子这种极其微小的粒子构成。原子的中心有原子核，其大小约为原子的百万分之一。原子核由质子与中子吸附而成，而质子和中子又是由夸克吸附而成。夸克被认为是无法再分解的基本粒子。

现在对基本粒子的理解就仅止于此了。夸克能影响的距离（根据预估不同，位数也会有不同）约为10^{-17}米，现在的基本粒子物理学只能解释在这一空间范围内的物体。而包括基本粒子物理学在内的量子力学早在100年前就已经到达了这种微观领域。因此，在指责量子力学的不完善之前，应当先赞美它伟大的微观世界。

如今，巨大的粒子加速器实验已经不会发现违反标准基本粒子物理学的现象了。因为配合实验，按照标准理论创造"标准模式"，会有这种结果也是理所当然的事。

颠覆理论的"普朗克长度"的世界

那么，是否可以宣布基本粒子物理学现在已经没用了呢？人类是否已经彻底了解微观世界了呢？

事实上，科学家认为使用现在的量子力学也并不能解释小于10^{-35}米的规模，必须打破量子力学的法则，构筑新的体系。

10^{-35}米的规模被称作"普朗克长""普朗克长度""普朗克尺度"等。它究竟有多小呢？这里给大家一个基本概念。

现在的基本粒子物理学能涉及的尺寸是10^{-17}米，如果我们以超出科学的技术将其扩大至1米的话，扩大率为10^{17}倍。那么，如果将原子核扩大到100米的话，原子将达到10万千米左右，这是比地球还大的尺寸了。

但即使如此程度的扩大，普朗克长度10^{-35}米也不过膨胀到10^{-18}米而已。换言之，还不足夸克本身的大小。普朗克长度就是如此小的超微观世界。

探寻这个超微观世界，寻找新的物理法则，也许需要付出足以颠覆整个量子力学的努力，还需要爱因斯坦和薛定谔这种等级的大脑，以及宇宙规模的粒子加速器和100年以上的时间。

漏洞的元凶是引力

那么，普朗克长度这个微小的世界是如何让量子力学产生漏洞的呢？研究者认为是引力效果。

测定和调查小构造的法则是必须要高能量。

比如，观察细胞和细菌时要使用给细菌和细胞投射可视光的显微镜等道具。可视光的波长约为万分之一毫米，因此，它能适用于比这大的物体的观察。要了解约万分之一毫米大小的构造，最低限度需要可视光具有光子级别的能量。

原子和分子的大小约为百万分之一毫米，所以它们不能用可视光观察。如果选择用电磁波观察的话，可以采用波长为百万分之一毫米左右的X射线，因为X射线光子的能量高于可视光。

那么，要观测普朗克长度规模，就要创造波长为普朗克长度的光子，使其适用于夸克、电子或其他光子的观察对象。这在目前是不可能的实验。因为被观察的对象会吸收这种能量，进而发生分裂等变化，导致难以发出具有与其相匹配能量的光子或粒子。如果能实现这种观察，就能期待普朗克长度在物理上的新成果了。

只有名字但难以实践的新理论

能量含有质量就形成了引力源。现在的粒子加速器所制造的能量基本可以无视引力效果，但波长为普朗克长度的光子的能量就无法无视了。这种光子1个约有0.01毫克的质量，作为观察对象的粒子就能吸收或放出这种能量，质量也会因此或增或减。

或许各位从未听过0.01毫克这种级别的质量，但与夸克和电子等基本粒子的质量相比，就显得相当可观了。对于电子来说，增加或减少0.01毫克的质量，相当于人类增加或减少足月大婴儿般的质量。

要用量子力学处理这些变化，就必须考虑在粒子之间作用的引力。处理引力则意味着要处理时空的扭曲，如果能完成这些的话，就能用量子力学解释黑洞和宇宙大爆炸。也可以推断，也许在宇宙大爆炸最初期的高温、高密度宇宙中，波长为普朗克长度的光子处于到处乱飞的状态。

但现在的量子力学无法处理这种反应。能应对基本粒子与黑洞的反应，以及宇宙大爆炸初期的方程式并不存在，谁都无从入手。

以现在量子力学的方法无法到达普朗克长度领域，必须出现包含引力的新量子力学，也就是统合了广义相对论和量子力学的理论。

这种新理论目前还没有任何人发现，只有人提出了名字，即"量子引力理论"。

备受期待的量子引力理论

可能解决所有问题的超级理论

人类期待着还未出现的量子引力理论能解答多个未解决问题。被认为量子引力理论应当解决的问题名单中，也包括本书中所提及的多个问题。

量子引力理论完成之时——

· 引力将实现量子力学性的描述，广义相对论与量子力学实现统合。
· 明确黑洞中心的特异点会发生什么。
· 明确黑洞最终是否会蒸发，为信息悖论找出答案。
· 解明宇宙大爆炸最初期的特异点，给出宇宙起源的答案。

· 解决观测问题，消除相对论与量子力学的矛盾。

· 明确人类智慧的秘密，弄清为什么电脑不具有智慧。

以上这些成果确实绚烂夺目。如果真能实现的话，量子引力理论将成为终极的科学理论，也是梦想中的万能理论。虽然人类未知的所有谜题都依赖于未来理论的发展，但其中最受期待的毫无疑问就是量子引力。

接下来将介绍量子引力应该解决的谜题。作为引力理论的广义相对论和量子力学在整合后，究竟该如何解决这些问题呢?

可能解明黑洞的特异点

现在的结论是，比钱德拉塞卡极限质量更重的星体最终会因自身引力而崩溃，变成黑洞。那时，构成星体的物质全部降落于黑洞中心的一点。单纯从计算来看，黑洞中心的时空扭曲是无限大的，而这种计算上无限大的点被称作"特异点"或"发散"(图6-1)。

物理量变得无限大，在物理学计算上常出现，但这种情况的物理量在自然界中实际上并不会变成无限大。计算上使用的假设和理论只能在该物理量为有限时的实验或观测中使用，到达无限大时就无用了，需要能在极大范围内使用的新的假设和理论，以及计算方法。

比如带正电荷的原子核会让负电子环绕周围。用电磁学计算这种电子的轨道会发现，电子逐渐往核降落，原子的尺寸也逐渐收缩归零。当初尝试计算原子构造的研究者也为该特异点头疼不已。解决该问题的就是量子力学这一新理论，用量子力学原理计算出的电子轨道并不会落向核，原子的大小也并不会变为零。

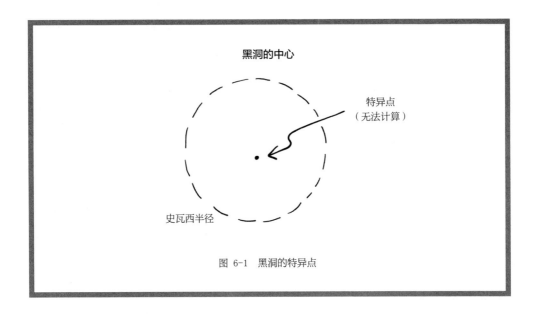

图 6-1　黑洞的特异点

　　能精确计算原子构造的量子力学被认为也能解明黑洞中心产生的特异点。研究者们预计，如果利用量子引力理论来计算星体因引力崩溃的过程，会发现物理量并不会在中心一点变得无限大，从而得出没有特异点的"量子力学性黑洞"。但量子力学性黑洞具有怎样的性质，又该如何避免特异点的出现，目前还不得而知。

可能解决信息悖论

　　《乌云二》中我们介绍了黑洞的霍金辐射，这是将广义相对论稍应用于量子力学所得到的结果。

　　但这种应用并不完善，因此得出了伴随着黑洞蒸发，信息将消失的结论。该结论与理论的其他部分不统一，成为被称作信息悖论的未解决谜题。

量子引力理论当然能解决信息悖论。量子力学性的黑洞应该能整合性地说明霍金辐射和最终出现的黑洞蒸发或爆炸。结局究竟是蒸发还是爆炸？之后是否会留下什么？应该都能得到答案。

可能了解宇宙的初始

广义相对论中还有个为人所知的特异点，即宇宙的初始。

宇宙诞生于138亿年前的宇宙大爆炸。宇宙大爆炸是让宇宙的物质与能量集中于一点的超高温、超高密度状态，越接近初始的瞬间，其温度和密度越高。

按计算，就在开始的那一瞬间，温度、密度和时空扭曲都会变得无限大，这也是特异点（图6-2）。

量子引力理论必须得正确描述宇宙的初始，能否做到这一点，也是该理论是否正确的试金石。

量子引力理论所描述的"量子力学性宇宙大爆炸"也许能解答宇宙如何起源这一终极的疑问。

可能解决观测问题

观测问题也是量子力学与相对论必须统合的原因之一。我们知道量子力学的构成与相对论有矛盾，量子力学不涉及引力与广义相对论，特殊相对论也没有与其整合。

作为量子力学基本原理的"波函数的坍缩"是超光速的。按原理，电子、光子及微粒子会创造直径数米、数千米甚至数光年的巨大波函数，但它在被观测者观测到的瞬间会出现坍缩。不知在数光年范围内的哪个位置的粒子在被检测器检

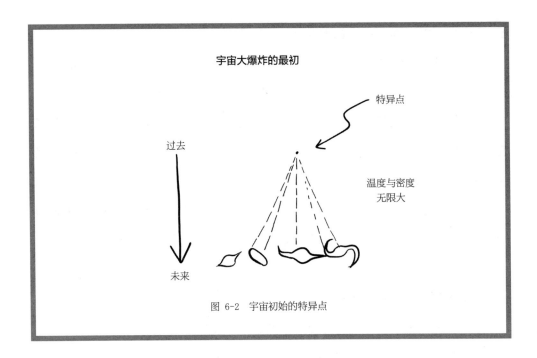

图 6-2 宇宙初始的特异点

测到的瞬间，就在检测器中确定了。

这看起来与物体和信息都不能超过光速的特殊相对论基本原理相矛盾，但由于波函数即使在数光年内坍缩，物体和信息也不可能超过数光年传递过来，因此即使研究者对此感到不快，也不再追究此事了。量子力学与特殊相对论虽然谈不上本质上有矛盾，但相互碰撞，彼此不容时有发生。

不过黑洞的信息悖论与观测问题之间有密切的关系，要解决信息悖论就必须处理观测问题，这就不能不追究了。

简单来说，比如假设微粒子的波函数扩大，其中一部分侵入了黑洞中，用外部检测器测定出该粒子的位置，波函数就会立刻坍缩。一旦在检测器内检测出粒子，就能判断出该粒子不存在于黑洞内部。

如果检测器内检测不出该粒子，那么是否能立刻断定它存在于黑洞内部呢？这就要看实验装置的配置了。总之，至少知道黑洞内可能有粒子的存在。

黑洞内部是否有粒子存在这一信息意味着从原本不可能让任何事物从中逃逸的黑洞中拿出了某些东西。由于波函数的坍缩是超光速的，因此能从光也不能逃逸的黑洞中取出信息。

研究者们根据这一考察产生了希望，认为也许黑洞蒸发导致信息丢失的信息悖论能与观测问题同时解决。这就意味着量子引力理论也能解决观测问题。

可能解释人类智慧的秘密

这样来看，似乎物理学的未解难题都能将宝压在量子引力理论上了。

广义相对论的大家——牛津大学的罗杰·彭罗斯教授（1931—）提出了令人震惊的说法，即人类的智慧也能用量子引力理论来说明[1]，这引起了剧烈的争论。

智慧这一现象充满了谜团。既然人类具有智慧，那么其他动物呢？最近，电脑已经能和人很好地对话，甚至在游戏中打败人类，还能驾驶车辆，那么是否已经具有了一定智慧呢？即使现在还没有，那将来是否能实现机器智慧呢？

现在的电脑或机器智慧是通过程序（运算法则）来执行动作，但世界上还有无法用运算法则解释其原理的问题。比如，"是否可能出现对电脑程序进行调试（修正）的电脑程序"等问题。

但电脑并不能实现程序调试，且无法判断是否可行。

图灵的证明

英国数学家艾伦·图灵（1912—1954）在1936年就证明了制作可调试电脑程序的程序是不可能的。这是基于图灵（略高于一般人类）的智慧与电脑或机器智慧不同的原理所得出的佐证。

这里简单介绍一下图灵证明的手法（图6-3），如果对电脑程序不感兴趣可以直接跳到下一节。

首先，假设能制造一个判断电脑程序是否正确的程序——"自动调试器"。如果这个假设出现矛盾，就证明不能用程序来调试程序。

电脑系统或程序漏洞千差万别，种类也许与程序员（人类）的个性一样多，这里以"不结束计算，永远运作的漏洞"为例。含有该漏洞的程序原本应该在处理完数据计算后就停止运作，但有的数据会让它的计算永不停止。

判定该漏洞的自动调试程序会读取作为判定对象的程序及它所处理的数据，并对其进行独立的漏洞判定计算。如果得出被判定对象程序对数据进行正确的计算处理后正常结束的结论，自动调试就会输出"该程序没有漏洞"。但如果得出被判定对象程序的计算不能正常结束的结论，则会输出"该程序有漏洞"。

如果能制造出这样一个自动调试器的话，那么改造它，有意识地在它内部加入漏洞也是可能的。有漏洞的自动调试器在检测到被判定对象没有漏洞时，原本应该输出"该程序没有漏洞"，但经过改造后，就只能输出"该程序有漏洞、漏洞、漏洞……"

那么，将该自动调试器自己的程序作为判定对象的话又会发生什么呢？是否会判定自身有漏洞呢？还是判定为正确计算后正常结束呢？在将自己作为数据读取的状态下，再读取自己为判定对象，虽然步骤上会有些复杂，但原理上是可行的。

如果自动调试器能判定自身的漏洞，那么就应该输出"该程序有漏洞"，然后结束运行。这样一来，自动调试器就算是正常结束了程序，判定它的自动调试器也应该不停地输出"该程序有漏洞、漏洞、漏洞……"才对。

而这样的话，自动调试器又变成了无法正常结束计算的程序，对它进行判定的自动监测器应当输出"该程序有漏洞"后，结束运行才对。结果就是自动调试器无法结束也无法做出结论。这就是矛盾所在。

这证明了"存在能判定程序漏洞的程序"这个假设是矛盾的，电脑修正电脑程序从原理上是不可能的，这也是图灵证明的重点。

图灵在做这个证明时，其实并不存在能按程序运作的现代电脑。在电脑还只是个梦想的时代，就已经出现了思考当电脑诞生时能否实现"智慧"这一极限思维的天才，这不得不令人惊叹于人类智慧（的最高峰）。

为什么电脑没有智慧

如果有些问题只能由人类解开，电脑或机器智慧无法解开的话，也就意味着电脑或机器智慧不具有和人类一样的智慧。如今有关电脑和机器智慧的技术日益进步，但无论如何进步，都无法用运算法则来解决问题，这一点（大概）是不会变的，因此将来的电脑和机器也应该不可能拥有堪比人类的智慧吧。

尤其是正如图灵所证明的一样，要让电脑对自身程序进行调试是不可能的。即使汽车驾驶已经能自动化，但电脑编程和调试依旧需要人类完成。从这一点来

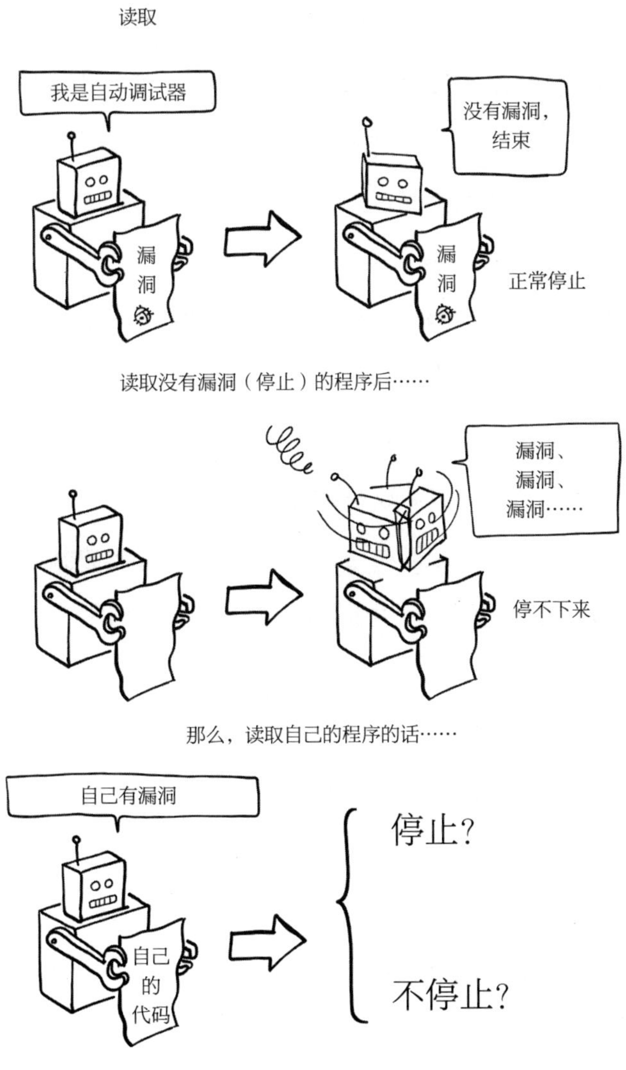

图 6-3 图灵的证明

看，漏洞是永远不会消失的。

人类智慧与电脑和机器智慧究竟有哪些不同呢？智慧是由大脑这个装置实现的，但大脑中原理上无法用电脑取代的部分又是什么呢？如果用电脑挨个置换大脑零件的话，哪个部分是无法进行编程的呢？

根据彭罗斯教授的大胆推测，波函数的坍缩是与引力相关的物理现象，将来可以靠量子引力理论来说明。

彭罗斯教授更进一步大胆地推断，如果将大脑的波函数的坍缩也作为该动作原理的一部分使用，那么人类大脑与电脑的不同之处就显而易见了。大脑中波函数的坍缩是永不停息的，也正因如此，人类智慧的物理过程得以实现。电脑和机器智慧和编程所欠缺的正是波函数的坍缩。

彭罗斯教授认为，波函数的坍缩是物理现象，而并非观测者所持的信息变化等。这种看法最近略受质疑，但由于它是量子引力理论中备受期待的成果，这里就稍作介绍。

如果这种看法是正确的话，在量子引力理论完成时，也许就有可能实现具有人类智慧的人工产物。如此万能的、备受期待的物理学理论还前所未见。

离完成还需要几步？

世界最顶级的研究者们经过数十年努力，依然没能完成量子引力理论，为什么会这样呢？

首先，量子引力理论在数学上极其困难。

在创造不包含引力的基本粒子理论的标准模式时，当时的研究者们殚精竭虑，开发出了"重正化"这一数学方法。使用重正化，就能避免计算过程中物理量变得无限大。

然而对引力却无法使用重正化，必须采用别的手段来避免物理量无限大，但该方法的开发可谓难上加难。研究者们提出了多个候选的方法，但至今都无法判定究竟哪个是正确的、哪个是错误的。结果只能暂时搁置开发避免发散物理量的方法。

于是，任何情况下都只能将极其高难度的数学作为道具使用。

广义相对论必须用到"微分几何"和"张量演算"，不包含引力的量子力学则要用到"线性代数"等高难度数学。（量子力学领域的风气是发明并使用令数学家都头疼的独特数学。）

大学本科水平只能接触这些理论和数学的基础知识，要进一步理解必须得进研究生院。要达到研究量子引力理论的水准，需要先在研究生院学习广义相对论和量子力学，进一步钻研后积累经验，最后才能读写最先进的论文。

当然，世界上偶尔也会出现大学本科时就对基本粒子理论和广义相对论有独到见解的优秀人才，其中也有不少专攻基本粒子物理学和量子力学理论并成为了这方面的研究者。比如，东京大学物理学科有各种研究领域的研究室，其中量子力学领域也有成绩优异的学生。

全世界任何地方在该领域的学术氛围都很类似，都是投入了大量最优秀的人才，日夜钻研量子引力，但经过了数十年的研讨，至今该理论还未完成，其中的难度可想而知。

一次实验需要300万年以上

量子引力的难点还不仅在于理论计算，对它的实验与观测也极为困难，这也是阻拦该领域发展的第二道门槛。

在基本粒子物理学领域，典型的实验方法是，使用粒子加速器这一装置让粒子像子弹一样加速和碰撞。

现在，最大的粒子加速器是欧洲核子研究组织（CERN）的大型强子对撞机（LHC）。它用周边长达27千米的环形管保证高真空、超低温，里面是加速到接近光速的质子。这些质子在碰撞时，碰撞能量最高可达14兆电子伏特。可能您对于14兆电子伏特究竟是高还是低没有什么概念，但要问它能观测多大程度的微观构造的话，该装置能观测10^{-17}米的微观粒子（按预估可能会有位数的不同）。它是花费约100亿美元建造的，能探寻10^{-17}米的世界。

大型强子对撞机被称作"世界最大的机器"。周长27千米的环形管意味着比大阪环状线更长，比山手线也只略短一点。也就是说，要探索微观世界需要如此巨大的实验装置。

迄今为止，基本粒子物理学是通过建造越来越大的粒子加速器来进步的，但要研究量子引力，则需要比大型强子对撞机大得多的粒子加速器。

以产生的能量和装置大小的比例来进行简单假设的话，要观测量子引力现象需要14兆电子伏特的10^{10}亿倍的能量以及质子加速所需周长300万光年的环形管。它的大小已经突破了银河系，到达了仙女座星系，并且1次实验需要花费300万年以上。

显然，量子引力实验要单纯地靠建造巨大的粒子加速器来实现是不可能的，但世上还有用于发展基本粒子物理学的另一种实验性手法，稍后会做介绍。

以上内容难免有些悲观，不过大量优秀的研究者并没有因此而彷徨无措，依旧写出了大量论文。量子引力理论一直在持续进步，有人认为它的完成已是近在眼前。

超现实的"弦论"

十一次元的幻想

针对量子引力理论的方法包括"环圈引力""超引力理论""弦论"等。最近甚至通过一些小众方法也开始有不少研究性论文发表。

弦论是近20年左右开始引人注意的理论。因为过于超现实，其用语都令人感到耳目一新。

以下将介绍弦论的概要。由于只是大致讲解一下为什么会导致这种结果的过程，各位权且把物理学当作诗歌来看吧（并不是说弦论就是诗歌）。

弦论中，电子和光子等基本粒子并不是点状，而是线状的。点状在计算中会无限大发散，但线状则可以避免这一点。

将粒子视作线状的思维，在基本粒子理论的标准模式确立之前其实已经被提出和尝试过好几次。然而在20世纪70年代，标准模式利用重正化超越旧弦论率先完善，而旧弦论作为难以发展的理论之一几乎被人遗忘，但它依旧静静地潜藏在学术界中。

1984年，弦论作为量子引力理论被再次提起。为区别于旧弦论，人们称之为"超弦论"或"超弦理论""弦理论"等。

超弦论虽然能避免计算上的发散，但与其他种类有数学上的不统一。要去除这种不统一，弦所存在的时空就不能是四次元，必须是十次元以上。换言之，超弦论只能在十次元、十一次元或二十六次元的世界成立。

我们就像是被压碎的膨化饼干一样

我们所居住的宇宙被认为是由一次元的时间与三次元的空间所构成的四次元时空，也就不适用于超弦论。但超弦理论家提出了令人震惊的大胆推论，即我们所居住的宇宙实际上是十一次元。（也有其他流派认为是其他次元。）

十一次元就意味着除了时间方向与纵横高的方向之外还有七次元。那么这七次元究竟在哪呢？我们环顾四周也只能看到四次元方向。

超弦理论家认为，剩下的七次元方向非常小，我们日常生活中难以发现。他们形容其为"剩余次元"的"坏块化"等。

七次元的坏块化很难用一言两语来说明，所以借助三次元中一次元的坏块化来做概念性介绍（图6-4）。

例如，含有纵横高的三次元房间，它也是最普通的房间。但如果这个房间的天花板掉落的话，房间高度方向就坏块化了，厚度变为普朗克长度。

那么房间中的物体就都变得极薄了。虽然原子与分子是极小的粒子，但普朗克长度比它们还要小得多，因此原子与分子也都会像被压扁的仙贝一样。

如果这种仙贝状的原子和分子所组成的物质或生物存在的话，那么这些仙贝状的生物只能往纵横方向移动，不能往上移动。他们看不到也感觉不到高处的方向，因此相信自己是居住在二次元空间的二次元生物。而假设这个二次元世界的超弦理论家提出大家其实是生活在一次元坏块化的三次元空间内的理论，恐怕任何人都觉得无比荒谬，无法想象三次元究竟是怎样的世界。

现在各位是否对超弦论所主张的坏块化有所了解了呢？

图 6-4 坯块化

超弦论认为我们的身体和宇宙空间都像是被压缩的膨化饼干一样。其厚度为普朗克长度,任何显微镜和粒子加速器都检测不到,因此谁也发现不了其他方向,而实际上还存在着被压缩的7个次元。

对于超弦论,有人认为是十次元,有人认为是十一次元,还有人提出更多次元,不过十一次元就足以发现与"引力子"相当的粒子,所以描述我们宇宙的模式大多被推定为十一次元。十一次元派系的超弦论也被称作"M理论",不过只出现过一次,不用记住也可以。

为什么我们的宇宙被认为是十一次元世界的膨化饼干呢?

研究者的解释是宇宙诞生之初原本是向十一次元的所有方向扩展的,但那种状态极不稳定,因此在很短的时间内,七个次元被挤压。总之,即使各位觉得难以接受,姑且也这么认为吧。

漂浮着布的宇宙印象

1994年提出的 "D-膜(D-brane)理论"让超弦论的非现实性更进一步。

请想象在十一次元的世界中漂浮着无数名为D-膜的类似布又类似膜的东西。"brane"是超弦理论家根据"膜"(membrane)这个词创造的新单词。D-膜是一块巨大的布,比这个宇宙更大。

从D-膜上生出大量像绽开的线或发出的芽一样的超弦。这些超弦的一部分出现在我们所能观测到的四次元时空中,被我们当作了电子、中微子或夸克等基本粒子。也有超弦从D-膜脱落,被人类观测认为是光子或引力子等其他基本粒子。

这个宇宙中所飞舞的,创造一切物质的基本粒子其实是从D-膜中生成的超弦，这就是超弦论的主张。

此外，十一次元的D-膜有时会发生罕见的碰撞，这被认为是宇宙大爆炸的真相，也是超弦论中对于宇宙创始的解释。

超弦论的华丽"成果"

以上是超弦论的部分"成果"。超弦论还在黑洞的熵、反德西特/共形场论（Ads/CFT）对偶、全息原理、超弦景观等方面取得了丰硕成果。

超弦论最初提出的概念是基本粒子非点状而是线状的，但随着理念的发展，又进一步认为宇宙中所有事都是在十一次元时空的D-膜上发生的，从而形成了让人难以理解的世界观。（《乌云七》中将提到，这种宇宙高达10^{500}个，它们互相挤压，是一副更为奇妙的情景。）

如果阅读本章之后仍然无法接受这个宇宙是十一次元的，也无法理解D-膜究竟是什么的话，（不负责任地说）其实也没有关系，因为目前我们还不能完全解释十一次元的量子力学。

如果有想要详细了解十一次元和D-膜宇宙的人，应该也算是想要学习超弦论的超弦理论派了。

不过，这里所描述的十一次元时空和D-膜等令人兴奋的非现实性假说全都未得到实验和观测的验证。其中必然也有不符合事实的假说，但在该领域也很难用实验去否定。量子引力的实验和观测的难度也是阻碍该领域发展的难题，这导致理论家所提出的假说只能在无法验证的情况下保留下来。

量子引力理论的完成难道真要等到建造出到达仙女座星系的粒子加速器的那一天吗？

对宇宙这一实验装置的期待

事实上，即使不能建造粒子加速器，也可以通过其他实验装置来实现观测量子引力效果，即宇宙这一实验装置。

在广大的宇宙中，存在一些特殊的天体或天体现象，它们像超巨大的粒子加速器一样运作。人类所能利用的微小能量虽然还不到一个太阳的程度，但已发现了大于它几亿倍的能量旋涡。在中子星或黑洞附近，或者超新星爆炸等实验场中，被认为会有人类从未见过的粒子诞生和发生碰撞活动。

实际上，至今为止人类通过检测出来自宇宙的正电子和 μ 子，已经了解了这些新粒子的存在。另外，正如介绍神冈探测器时所说的一样，通过检测超新星爆炸产生的中微子，让该领域有了不小的发展。宇宙观测也有了推动基本粒子物理学发展的实绩。

为了研究量子力学，研究者们都想要尽可能地靠近黑洞，观察霍金辐射究竟是怎样的东西，黑洞是否会蒸发，信息悖论又会怎样。这些疑问以及其他难题如果能得到解决，量子引力理论也许就能得到飞跃性的发展。

但即使知道黑洞的位置，它距离我们也有1万光年以上。如果要将观测装置送到它附近，无论采取怎样的技术手段都需要花费1万年以上的时间。

引力波带来量子引力的发展？

那么，对黑洞的直接观测是否和建造超巨大粒子加速器一样只是天方夜谭呢？客观来说的确如此，不过为了不让话题太过悲观，还是讲一些给人带来希望的观测吧。

2015年，人类第一次检测出了引力波，在证实了黑洞存在的同时，也确立了观测引力波的有效手段。

在本书编撰期间，又检测出了五六个双黑洞的双星系和引力波源。这个数字以惊人的速度递增，到本书印刷阶段应该会有更多数据。激光干涉引力波天文台在使用期间几乎每个月都能检测出一次引力波。来自黑洞的引力波如此频繁地造访地球是研究者们之前从未想到过的。

其他检测装置也在此成功的基础上进一步提升了检测敏感度，很快，新的装置又得到了学界认可。

激光干涉引力波天文台团队获得了2017年的诺贝尔物理学奖。在检测出引力波之后短短2年就获奖，对于以往极其慎重的审核委员会来说是个特例，可见引力波的发现是多么具有冲击性的成果。

同样在2017年，又检测出了来自双中子星双星系的引力波。这被推测是在两个中子星，以及绕着彼此周围旋转的双星系间，中子星发生碰撞与合并所产生的引力波。

中子星的碰撞与合并是早在几十年前就被预言过的天体现象，由此解开了伽马射线爆裂这一天体现象的谜和宇宙重元素起源之谜。

当实际发现正如预期时，困扰至今的谜团也就顺理成章地解开了。

连续得到如此漂亮的成果，意味着引力波天文学这一新学问领域的诞生。引力波含有极其丰富的信息，在21世纪将以此为基础更多地了解宇宙。

引力波能直接观测黑洞，它能捕捉到在史瓦西半径发生了什么，从而使人类第一次能够研究黑洞本体。以往的X射线或电波观测只能了解远离黑洞的物理现象。

那么，来自黑洞的引力波也有可能出现未知的量子引力效果。

原本，量子力学开端于对原子和分子等微观物体的观测性研究的发展。人类发现了微观世界已有的物理学难以解释的性质，为了解开这一谜题开始发展量子力学理论。换句话说，量子力学是为了解释观测结果而被创造出来的。

另一方面，量子引力理论几乎没有必要的观测数据。现在的量子力学在理论上的不统一导致要解决该问题必须出现新的力量。硬要说的话，由宇宙膨胀所得出的宇宙大爆炸结论以及黑洞的存在都是需要通过量子引力理论来解释的观测结果，但它们都不能进行直接观测。

而引力波让人类对黑洞的直接观测变成了可能，虽然最后得到的观测结果是否正如广义相对论的预期还不得而知，但这有可能让人发现原本不能通过实验验证的黑洞理论的漏洞。正如观察原子和分子后发现微观物体不单纯是微小的东西，它们也遵照不同的物理法则一样，现实的黑洞也许也处于不同的物理法则下，并且有可能体现量子引力理论。

即使无法制造超巨大粒子加速器，宇宙也可能给予我们量子引力理论的提示。

今后，引力波还将继续受到关注。

乌云七

人类原理

人类是特殊的生物，能用语言交流，用文字记录，用科学的方法探寻事物本质，用科技力量改变环境，甚至尝试解开宇宙构造与生命源头之谜。这种生物独一无二。

　　不，不仅是人类智慧可贵，其实生命本身在宇宙中就是极其贵重的。除了地球以外的太阳系天体都没有生命存在，至今确认有生命体的只限于地球表面。

　　人类原理就是基于人类这种智慧生命体的存在，尝试探索宇宙形成生命的原理。作为难以举出反面证据的理论，不少人也否认它属于科学。这种理论又该如何解释地球型行星和地球外生命体呢？

宇宙原理与人类原理

谦恭的"宇宙原理"

　　在介绍"人类原理"之前，先说明一下"宇宙原理"。宇宙原理是被广泛接受的假设。与人类原理不同，没有多少人去怀疑宇宙原理。

我们的地球是位于宇宙一角的银河系的边际，绕着太阳这个恒星旋转。宇宙原理的假设为："我们所居住的银河系是与其他河外星系没有太大差异的普通星系，在宇宙中并不是特别的。"这也就意味着，地球既不是宇宙大爆炸的核心，也不是上帝为人类特别设置的乐园。

古希腊和中世纪欧洲时期的人认为地球是宇宙的中心，如今的思维与当时相比显然已经谦逊得多了。

哈勃发现远方河外星系正高速远离我们。得知这一结论时，也许会有不少人认为我们所在的位置是类似爆炸中心的特殊点（我们被宇宙河外星系排斥）。

但事实并非如此。哈勃的发现只被认为是宇宙所有河外星系与其他河外星系互相远离的证据。

如果相邻河外星系的居住者观测宇宙的话，会发现包括我们银河系及所有河外星系都在远离，恐怕也会以为自己所在的河外星系被其他河外星系排斥吧。

当然，我们不可能去确认假想的宇宙人的观测结果，所有其他河外星系所目睹的情景和我们一样也是一种假设。宇宙原理迄今为止都是无法确认的假设，但大多数研究者既没有勇气，也没有证据去主张我们所在的银河系是在宇宙中占据特殊地位的星系，所以只能接受这一原理。

此外，如果不接受宇宙原理的话，爱因斯坦的引力场方程将变得极为复杂难解。假设宇宙任何地方都类似的话，引力场方程则能简单地被人类大脑消化，从而研究这个宇宙解是正确的还是错误的。

在宇宙论中，宇宙原理是让问题简单化的实用性原理。

简化引力场方程的宇宙原理在爱因斯坦所发表的世界上第一篇有关宇宙论论文《对广义相对论的宇宙学考察》（见《乌云四》注[1]）中就已经被采用了。

1935年，提出米尔恩宇宙模式的米尔恩将它称之为"爱因斯坦的宇宙原理"。不过，米尔恩所提倡的宇宙模式是与宇宙原理相反的宇宙，使用这个称呼也并不是为了赞美爱因斯坦所说的"均匀的"和"各向同性的"宇宙原理。

有的教科书并不使用宇宙原理这个含义模糊的单词，而是直接描述为"宇宙是均匀的和各向同性的"。"均匀"意味着宇宙没有特别的场所，任何地方都一样，"各向同性"则意味着在空间各方向上也都一样。

科学让人谦虚……

宇宙原理可以说是一种谦逊的思维，认为我们并不是特别的存在，但人类这种谦逊的思维也是近代才出现的。

比如，统治整个中世纪欧洲思想的天主教教会就认为地球是宇宙中心，并采用了极为自信的以自我为中心的教义。为此，支持地球围绕着太阳旋转的日心说的乔尔丹诺·布鲁诺（1548—1600）被处以火刑，伽利略（1564—1642）则遭到宗教裁判所审判，被迫表示"日心说是错误的"。

当然，现代宇宙论并不会对异端实施裁决，天主教祭司勒梅特提出的宇宙诞生于初始原子的理论如果被中世纪异端审判官听到的话，恐怕会被施以极刑，但在现代是无罪的。不仅如此，勒梅特后来还就任了教皇科学学院这个位于世界天主教会顶点的科学机构的总裁。

曾有个小故事。1951年，教皇庇护十二世还曾在科学学院前发表过《现代自然科学是表明神存在的证据》[1]这一令人激动的演说。

这是在采纳以宇宙大爆炸为首的科学尖端话题的基础上，阐述其为神存在的证据的大胆声明。他声称，科学是宇宙的创始，而从无到有创造出光、辐射与物质的宇宙大爆炸则是神创世时"给与光"的瞬间。

教皇认同宇宙大爆炸，并将其与基督教的教义相统一，这给神学论和世界基督教徒带来了巨大冲击。（该演讲草稿对当时还是学院会员的勒梅特造成多大影响，也是笔者想要知道的事。）

日心说让地球从宇宙中心跌落。这场革命被近代科学家更为激进地推进开来，越是了解，越是让人类明白宇宙并非以人类为中心。地球不过是绕着太阳旋转的行星之一，而像太阳这样的恒星在银河中就有1 000亿颗。最后，这场谦虚的革命抵达了"宇宙是均匀的和各向同性的，从任何河外星系所窥见的宇宙都一样"这一宇宙原理。

科学是让人类变得谦虚的历史原因。

不过，作为本章主题的"人类原理"则认为这个宇宙是适合人类存在的，根据人类存在来说明宇宙的思维。这又逆以往科学的流程，从反向回归了原点。

宇宙的温柔

随着科学的进步，我们已经明白自己并非宇宙中心，但宇宙似乎对我们有种奇妙的温柔。

用望远镜观测银河系发现，地球是围绕太阳旋转的十大行星之一。那么，地球的稀有价值是否就是十分之一呢？然而这十大行星中拥有生命的仅有地球一颗。其他行星或者过热或者过冷或者无水，都不适合（地球型的）生命诞生。

只有地球上出现了生命，并且其中一种获得了高度智慧，能用语言交流，能使用道具，最终实现了文明。回顾人类发展过程会发现，宇宙似乎给予了我们各种温柔的恩惠。

在38亿年前的岩石上，人们发现了生物残留的痕迹，因此最初的生命被认为是从那个时期开始。自地球诞生后不到10亿年就出现了生命，从这一点来看，也许只要具备环境条件，生命都有可能在这个时期内诞生。

初期生命是从1个细胞开始的微小生物。1个细胞中具备了生存所必须的全部功能，只要条件允许就会分裂，增殖为两个。

更为复杂的是，由多个细胞构成的多细胞生物被推测出现在约5亿年前。多细胞能构成巨大而复杂的躯体。距今5亿年前的底层中挖出了拥有脊椎、脚、能够捕食其他生物的爪子和眼睛的高度精炼的生物化石。曾经只能使用一个细胞的生物变成了多细胞运转的、有一定形体器官的、极其复杂的构造体。

约5亿年前，多细胞化在突然之间让地球充满了复杂形态的生物，这被称作"寒武纪生命大爆发"。不过也有学说认为单细胞生物进化为多细胞生物，需要花费数亿年时间缓慢过度，那么"大爆发"的说法就不够准确了。

虽然生命在地球诞生后不到10亿年就出现了，但进化为多细胞生物又花费了30亿年。对于生命而言，多细胞化也许是极其艰难的。30亿年间生命当然是在不停歇地持续着细胞内的结构变化，可惜化学性的进化不能从化石中得知。

太阳恰到好处地赐予了我们生命

在生命进化的过程中，宇宙究竟给予了我们什么恩惠呢？其实从始至终，宇宙都眷顾着地球（图7-1）。

大致而言，生物身体的三分之二都由氧构成，因为生物的体重大半是水，而

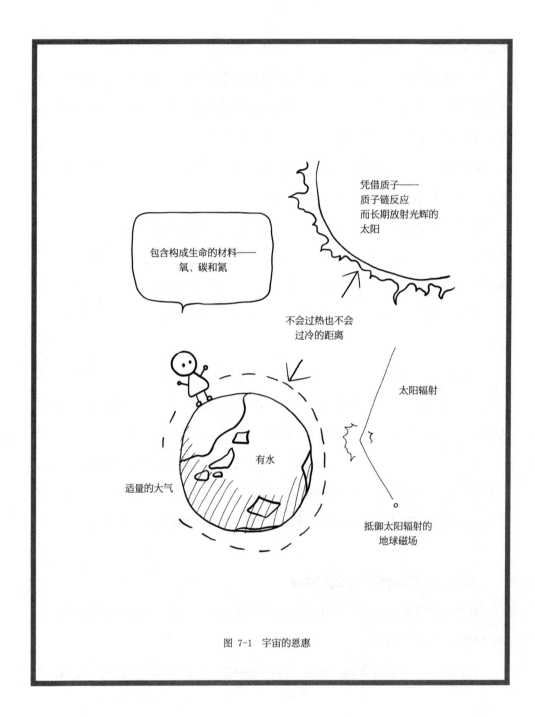

图 7-1 宇宙的恩惠

水的质量几乎就是氧的质量。氧和碳、氢、氮加在一起，占体重的96%，其他还有各种微量元素，但生物基本由这四种元素构成。

当然，并不是将氧和碳、氢、氮混合就能产生生命，但地球生物需要这四种元素是最低条件。

而氧、碳、氮这三种元素并不是从宇宙初始就存在的。宇宙大爆炸的元素合成（与《阿尔菲·贝特·伽莫夫论文》相反）只合成了氢与氦。

之后，宇宙逐渐冷却，氢气与氦气聚集形成了恒星。恒星内部发生核融合或者恒星寿命结束发生超新星爆炸，合成了氢与氦以外的元素流入宇宙中，恰好与丰富的氦产生核融合反应，从而大量生产出了氧、碳、氮。

总之，宇宙空间供给生命所必须的氧、碳和氮是在宇宙大爆炸之后，从恒星发生核融合和超新星爆炸开始。在那之前，宇宙中只有氢和氦，氧、碳和氮，以及其他重元素几乎都是不存在的。

我们的太阳系是在宇宙大爆炸约100亿年之后诞生的，宇宙刚好适度地含有形成生命的元素，从而被生命利用。如果是宇宙大爆炸之后100万年的恒星系恐怕就很难有生命诞生了。

换句话说，我们的太阳也是在生命最合适的阶段出现的。

太阳的恰到好处还不止如此。它内部由4个氢原子核与1个氦原子核发生核融合反应，由此产生的热量让太阳放出光辉，于是地球表面得到日光的恩惠。这种核融合反应被称作"质子-质子链反应"。

地球是特别的行星吗？

让氢原子核进行核融合的手段多种多样，但其中质子-质子链反应所消耗燃料最低，在燃烧时只会消耗少量氢。由于消耗缓慢，我们的太阳虽然已经50亿岁了，却依然熠熠生辉，据估算应该还有50亿年的寿命。

太阳的长寿意味着刚好适合我们祖先在细胞化过程中所需的漫长30亿年。如果太阳寿命过短，那么生命可能不会出现，或者即使出现，也难以进化成复杂生物。

宇宙中还有其他产生核融合反应但燃料消耗率高于质子-质子链反应的恒星，采用哪种核融合方式由该恒星的质量和构成决定。如果消耗率高，该恒星所放出的光辉可能是太阳的100倍以上，在短时间内消耗大量氢，其结果就是1亿年之内就会燃尽。燃尽后，或者发生超新星爆炸，或者成为中子星，也有的成为黑洞，在此不做详细说明。

这些光辉而短命的恒星系很难出现生命，更难进化为智慧生命体。

此外，地球有月球这颗巨大的卫星以保证大海的生成，地球有较大的磁场用以保存大气等各种有利条件以促进生命诞生。

这样看来，地球虽然只是围绕着太阳的平凡的第三行星，却得到了宇宙各种温柔的恩赐，甚至让人觉得地球的一切特点都是为生命创造的。那么，它究竟是不是一种特别的存在呢？是否是由超越人类智慧的、神一般的存在所设计的呢？

生命原本只应该出现在时机刚好的星球

这种宇宙的温柔（即使没有类似神的存在）也是能够解释的。其实稍作思考就会发现，我们之所以居住在时机刚好的星球是理所当然的。

因为原本生命就只会出现在时机刚好的星球。虽然没有其他适合生命的星球样本，但可以试着推定这种星球需要适度的大气与海，还要有丰富的氧、碳、氮。并且在星球寿命期间，要花费数十亿年发展出具有智慧的生命体，还需要有能环绕飞行的拥有数十亿年寿命的恒星。

而诞生的智慧生命环顾四周就会发现自己居住在宇宙中最恰到好处的环境里。他们可能也会怀疑在宇宙的恩赐中运转的母星究竟是不是特别的，或者是由超自身智慧的神一般的存在所设计的。

至此，离人类原理就只差一步了。

根据某种基本粒子论，宇宙提供给我们这种恰到好处的恩惠的概率约为10^{100}分之一到10^{500}分之一左右，简直是难以想象的侥幸。

弦论所提出的无数宇宙

《乌云六》中所述的量子引力理论中的一派，也就是超弦论的一部分研究者表示，除了我们所居住的这个宇宙外，实际上还有其他无数宇宙存在。

他们想要表明的是什么呢?《乌云六》在介绍超弦论时并没有提及如此飞跃性的理论。

并不是所有超弦理论家都承认无数宇宙的存在。原本超弦论本身就没有定论，不过这里还是说明一下以（一部分超弦理论家所主张的）无数宇宙为根据的人类理论，请各位姑且了解一下吧。

超弦论所预言的无数个宇宙中，基本粒子或基本粒子之间所作用的力（引力、电磁气、弱力、强力）的性质是不同的。前文介绍的多宇宙理论认为物理法则是相同的，因此这是更为激进的理论。这种物理法则不同的宇宙共有10^{100} ~ 10^{500}个左右。至于究竟有多少，各研究者预估不同，可能会有数十位的差异，对此也就没有定论。

这些无数的宇宙与我们的宇宙从未接触，不可能确认他们是否存在。这种难以用实验来验证或反驳的理论是否真能被称之为科学，也有不少人提出质疑。但既然无法否认，也就自成一说。（相信持有这种既无法验证也无法反驳的理论的人是很难被说服的。）

依据"人类原理"侃侃而谈

1970年，澳大利亚裔、法国国立科学研究中心的研究员布兰登·卡特（1942—）在演讲中向世人介绍了"人类原理"这一概念。

这个概念备受瞩目，也遭到了批判。有人怀着半信半疑的态度对此产生了兴趣，也有人明确表示了拒绝和厌恶。总之，引起了极大反响。卡特研究员在惠勒的劝说下又以论文的形式发表了《巨大数量的一致与基于人类原理的宇宙论》[2]。（这里又出现了惠勒，也许他是真的非常喜欢异想天开的理论。）

卡特研究员被称作"强人类理论"的概念将在稍后介绍宇宙论与基本粒子论发展的现代版中做进一步解释。

人类原理认为，超弦论等所预想的物理法则不同的无数宇宙基本上都是没有生命存在的不毛之地。比如，在基本粒子的质量不同的宇宙中，碳、氢、氮的原子核不稳定，所以不能存在，由此（地球型）生命也就不可能诞生。

再比如，在暗能量较大的宇宙中，宇宙膨胀急剧加速，宇宙空间的气体比引力吸引更快变薄，所以气体无法聚集形成河外星系或太阳这样的恒星。而没有太阳，（地球型）生命自然也不会出现。

相反，如果暗能量为负值，那么宇宙大爆炸之后不久，宇宙就会从膨胀转为收缩，可能很快就会收缩崩塌。"预想""别的宇宙可能发生的事"也许给人感觉有点奇怪，但我们的语言本来也不能适用于其他无数宇宙，所以也是无可奈何。在创造出能正确表现不可知、也不可确认的其他宇宙之事的语言之前，只能使用祖先留给我们的现有语言了。

从这个角度来看，要寻找适合生命诞生的宇宙是非常困难的。根据最近的观测，像地球这样的行星在银河系中似乎并不少见。但依照超弦论，恒星周围环绕着旋转的光明岩质行星，由这样的恒星围绕着旋转了数百亿次的宇宙，在10^{500}个宇宙中也是屈指可数的。

10^{100} ~ 10^{500}左右个宇宙中，只有具备适合生命诞生条件的宇宙才能孕育智慧生命，而在那个宇宙中诞生的智慧生命环顾四周，发现可能还有更多适合生命的宇宙存在。于是，也有可能利用粒子加速器或宇宙射线检测器来调查基本粒子结构，寻找适合智慧发展的物理法则吧。这就是人类原理的"预想"。

通货膨胀理论所描绘的"多元宇宙"

超弦论以极其模糊的概念"预想"了10^{500}个宇宙，除此之外还有一些学说也同样"预想"了不同物理法则的无数个宇宙。

比如，被称作"通货膨胀理论"的宇宙论，它认为在宇宙大爆炸的最初期，从宇宙形成之后的每10^{-36}秒左右，也就是1秒的一万亿分之一的一万亿分之一再一万亿分之一之间，宇宙发生了被称作通货膨胀的大爆炸型膨胀。

宇宙大爆炸本身就是爆炸性的膨胀，但通货膨胀又是更为压倒性的大膨胀。通货膨胀让宇宙实现了10^{26}倍的膨胀。这相当于由原子核大小变为太阳系大小的膨胀率。之后，宇宙则与时间成正比，进行"普通"的爆炸式膨胀。

观测远方河外星系会发现它与通货膨胀理论的预想一致，因此该理论被认为

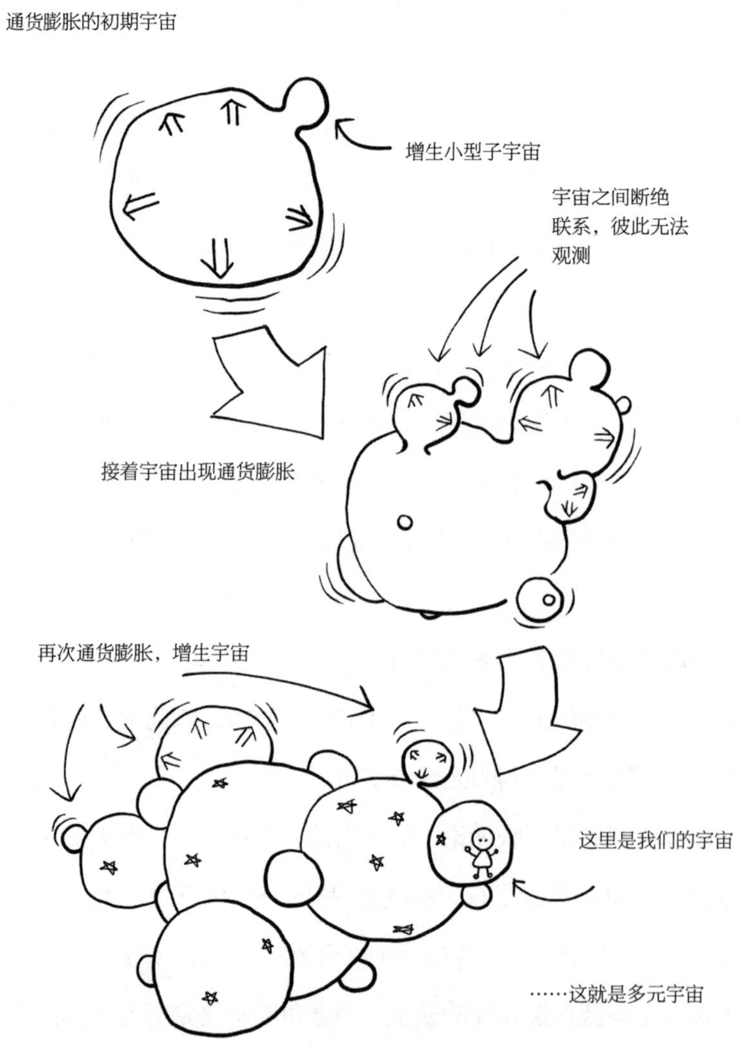

通货膨胀的初期宇宙

增生小型子宇宙

宇宙之间断绝
联系，彼此无法
观测

接着宇宙出现通货膨胀

再次通货膨胀，增生宇宙

这里是我们的宇宙

……这就是多元宇宙

图 7-2　多元宇宙

在一定程度上是正确的。然而通货膨胀理论（的一部分理论家）却提出了令人难以置信的结论，即通货膨胀期间，宇宙像蘑菇一样不停地增生出小小的子宇宙，如图7-2所示。

子宇宙诞生后不久，从母宇宙就不能观测到它，并且不能干涉，最后会独自发生通货膨胀和宇宙大爆炸，其过程中又会增生出孙宇宙，因此子孙后代加起来的宇宙数量是堪比超弦论所预想的庞大数量。也有人将其表述为无限宇宙。

通货膨胀理论所描述的子宇宙和孙宇宙是如此繁琐拥挤，又被称作"多元宇宙"。（超弦论将10^{500}个宇宙合称为"超弦景观"。）

而构成多元宇宙的每个子宇宙都被推定为有不同的暗能量和不同的基本粒子质量等，受不同的物理法则支配。

以"生命的诞生"为前提来思考物理理论的派系

这里又要提及人类原理了。（从历史上来看，超弦景观是在通货膨胀理论之后出现的，因此多元宇宙更早适用人类原理。）

利用人类原理，就能从无限的不毛之地多元宇宙中找出解释我们居住在时机恰好的宇宙中的理由。至少人类原理认为能够解释，因为只有这种宇宙能诞生智慧生命。

虽然人类有体重、身高等个体差异，但基本粒子的质量、引力和电磁力等的强度这些物理量是不会改变的。宇宙中任何地方（也许）都相同的物理量是尤为重要的基础性概念，被称作"基础物理常量"。

基础物理常量不是从其他物理法则中推导出的东西，而是通过测定初次了解的量。（将非推导的物理量称作基础物理常量也是顺理成章的事。）不能推导意味着该值也不能用理论说明。

有人认为也许在某处还有人类所不知道的物理理论，应用它来计算基础物理常量和暗能量、电磁力的强度等，以此得到刚合适的答案。但追求这种物理理论的尝试从未获得过成功。

从人类原理的立场来看，即使没有能推导出这种基础物理常量的未知物理理论或神秘物理法则也无所谓。这种基础物理常量是在各种宇宙中偶然决定的，因此每个宇宙都不同。这个宇宙的基础物理常量为常值，一旦大幅偏离这个值的话，生命就不可能诞生。

人类原理能预言宇宙的加速膨胀吗？

人类原理还更为大胆地预言了这种基础物理常量的值。这里实际给您演示一下人类原理预言基础物理常量——比如暗能量的值的方法。

不同宇宙的暗能量也许会有数十位数的差异，那个宇宙的值在这个宇宙可能会变为10^{38}左右的值。但银河和星体形成后要出现生命，不在（按低期待值的估计）0～1左右的范围内是不可能的。那么无数宇宙的生命测定暗能量，应该都会得到0～1左右的测定值。

请试着随意挑选一个0～1之间的数，它就相当于某个宇宙生命所测定的自己所处星球的暗能量值。

如果随机选择0～1之间的数，大部分都会是0.1～1之间。选择小于0.1的概率仅有10%，选择更小数的概率则更低。0.01以下数的概率仅有1%，0.01以下则只有0.1%。

这样一来，在多元宇宙和超弦景观的无数宇宙中，测定暗能量的生命有80%的概率得到0.1～1的测定值，得到0.01以下或0.001以下测定值的生命极其稀少。这就是人类原理的预言（图7-3）。

人类原理的预言用另一种方式来说的话，就是测定每个宇宙的不同物理常量时，那个值都有可能是普通值。0.01或0.000001等罕见值几乎不可能出现。

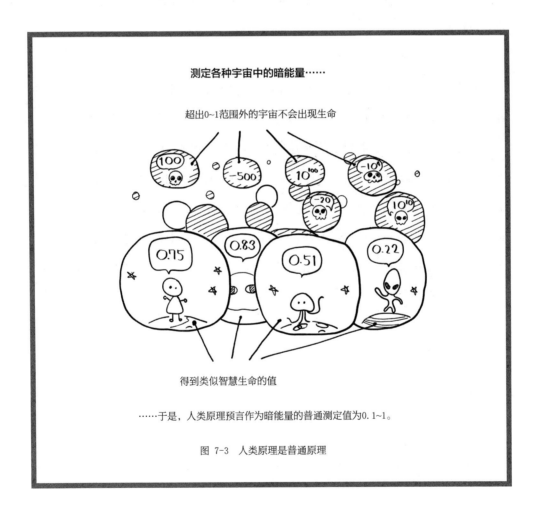

图 7-3　人类原理是普通原理

而实际上，从宇宙的加速膨胀来预估的暗能量值为0.75。

发现宇宙加速膨胀时，虽然大多数天文研究者都因出乎意料之外而震惊，但得克萨斯大学奥斯汀分校的斯蒂芬·温伯格教授（1933—）等人类原理支持者认为，实际上人类原理早已经预言了这一结论。

那么，如果能通过观测或实验验证人类原理可以进行预测的话，这是否能被称为是一种科学理论呢？人类理论是否能一扫批判与反驳，占据21世纪科学理论的地位呢？

我们再来回顾一下人类理论。

加速膨胀理论与超弦论（的某个流派）认为物理常量等之所以能成为现在的值，并非必然，而是多元宇宙或超弦景观中无数宇宙形成过程中偶然决定的。

人类原理预言，如果尝试测定这些物理常量，那么得到的都是不大不小的普通值。无论是暗能量，还是中子的质量或者弱力的大小，测定这些物理常量都会得到有恒星照耀的行星中能诞生生命的范围内的值，而在这些范围中，全都是不超出上限与下限的普通值。能诞生生命的范围如果是0~100的话，测定值为99.99或10^{-50}这种极端值的"概率"极低，一般会得到39.60或11.77等值。

哥特推论

哥特推论与柏林墙

普林斯顿大学的约翰·理查德·哥特三世教授（1947—）从该理论中得到启

示，想出了更为复杂的未来预测手法[3]，以此强行回答诸如一些本来没有答案的问题，如人类寿命是几万年？柏林墙能存在多久？河外星系文明成立吗？哥特教授将其命名为"哥白尼原则"，本文中暂时将其称作"哥特推论"。

由于过于超出本书范围，很遗憾这里无法详细讨论柏林墙的历史和意义，只能割爱，不过这个将柏林一分为二的巨大建筑物虽然被人憎恶，却一直从1961年存续到了1989年。

1969年，年轻的哥特教授游历了建成8年的柏林墙，对其究竟能存在多久产生了疑问。当时谁也不会想到，随着苏维埃社会主义共和国联盟的解体，东德（德意志民主共和国）与西德（德意志联邦共和国）会走向统一。

对于这个无人能回答的疑问，一般人恐怕并不会多想，哥特教授的思维却实现了飞跃。

柏林墙会存在一定时间，如果期间有多个观测者游览的话，观测者中的四分之一在最初四分之一期间，也就是柏林墙刚建造后不久进行观测。而观测者中的四分之一在最后四分之一期间，也就是柏林墙即将被摧毁之前进行观测，那么观测者中的一半会在非刚建成、也非将摧毁的中间四分之一时间进行观测。如图7-4所示。

这种思维确实是一种飞跃，哥特教授所说的柏林墙观测时期在50%的"概率"下，会是墙存续期间的中间二分之一。

哥特教授的观测时间是在墙建成后8年，而要进入中间二分之一的时间，需要柏林墙存续时间为10.7～32年。如果它的存续时间为10.7年，那么哥特是在过了约四分之三的时间进行观测的。

也就是说，柏林墙从哥特教授观测的第8年开始，全部存续时间有50%的"概率"推断为10.7～32年。

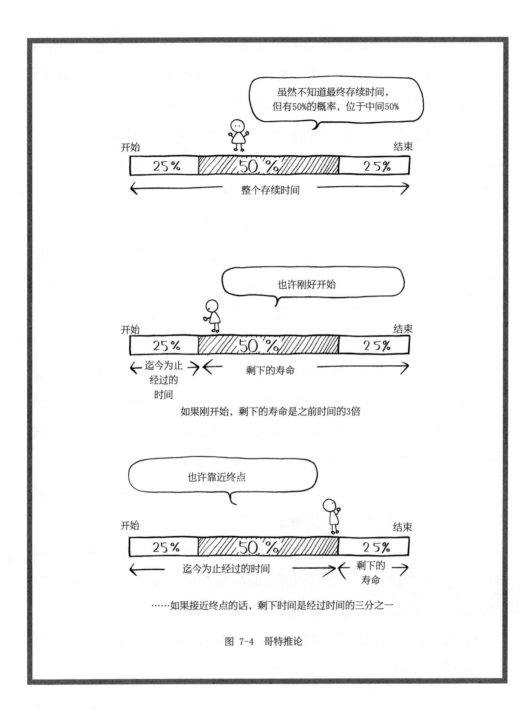

图 7-4 哥特推论

而后在1989年，柏林墙被蜂拥而来的人群推倒。墙在第28年倒塌，哥特教授认为这与哥特推论一致。

这简直是类似魔术的推断方法。虽然推断了某个事物的存续时间，但根本不需要了解这个事物是什么，具有怎样的性质等数据，反而使用了观测者是什么时候观测的这一本来毫无关系的信息。

除了柏林墙之外，哥特教授还推测了音乐会的上映时间、国家体制、遗迹等难以用普通方法来推断的事物的存续时间。有的推测正确了，有的推测错了，还有一些仍在存续期，是否推测正确还不能判断。

哥特推论与人类灭亡之日

那么，试着用哥特推论来占卜我们人类的未来吧。

笔者和各位读者都属于智人这一生物种。（如果有读者具有机器智慧或是其他生物种的话麻烦告知。）智人约20万年前出现在非洲，随后扩散至全球，且人口爆炸性增长，直至现在。

生物种是进化的结果，会在某一时期内繁荣，而后灭绝。虽然也有长盛不衰的种族，但更多的是在世界某个角落走到寿命的尽头，成为化石残留至今。我们智人（也在地层中留下了大量化石和遗物）今后还有多长的寿命呢？

智人的所有个体是从约20万年前非洲的直立人夫妇所生的最初的智人宝宝到地球最后的男人或女人，在将其数清后按出生顺序挨个排序。在这一个体之前是其祖先种直立人，下一个世代则是新种智人，这种线性的进程是比较难立论的，其中可能会有数万人左右的差异，但并不会对论题产生太大影响。

这个个体的队列毫无疑问是极其长的，但问题在于究竟有多长。推断仅过去你也许处于从最初开始的四分之三……

你也许处于从最初开始的四分之一……

你也许处于从最初开始的1/100000000……

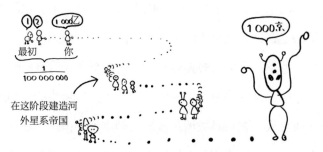

图 7-5　人类全员集合

诞生的智人个体就有约1 000亿人，如果这1 000亿人按1米的间隔排列的话，能绕地球2 500圈，肩并肩的话能到达火星轨道。如果加上今后诞生的个体，则更是庞大的数量。

这里就要用哥特推论了。

假如笔者也进入智人的这个长长的队列里，就像眺望柏林墙的哥特教授一样，笔者望着智人的队列，也在思考今后它究竟会达到多少人。假如笔者的位置（假设为第1 000亿个）有50%的概率在队列中间的二分之一，那么队列全长50%的"概率"有1 300亿～4 000亿人。这就是由哥特推论得出的结论。从最悲观的推断来看，智人的队列将会在继续出生300亿人后结束，最乐观的推断则是再出生3 000亿人左右时结束。

智人的队列究竟会怎样结束呢？哥特推论没有告诉我们答案。

会像恐龙一样，因为地球与巨大的陨石碰撞导致气候变化以至于生物灭种吗？由于巨大陨石、冰河期或火山活动激化等波及整个地球的灾害导致突发的大面积灭绝事件，我们现在能从化石和地层中窥见一二。智人是否也会迎来如此悲惨的结局呢？

即使没有灾害，也可能导致灭绝。智人作为优秀的猎人，有着将无数动物种类猎杀殆尽的前科。那么，今后智人会不会也沦为猎物呢？猎杀智人的又会是怎样的肉食动物呢？曾经是猎人的智人本身其实也应该想到可能会有这一天。

听到灭绝两个字，总会给人阴暗的联想。不过，也可以设想一下光明的结局，也就是智人也许会实现"新人类进化"。至于新人类究竟是什么，进化在这种情况下指的是什么现象，就交给读者和科幻小说家去想象了。

哥特推论与银河系大帝国

喜欢科学幻想的哥特教授对于人类进化发展后支配银河系、构筑银河系文明的可能性做了（悲观的）推测。

将来，如果智人殖民银河系的1 000亿颗恒星，每颗恒星居住几亿人，构建银河系大帝国的话，如图7-5所示，人口将达到3×10^{15}人。

将这3×10^{15}智人全部挨个排列的话，将形成宇宙级的大队列，最前端就是银河系帝国缔造之前的地球人。他们的人口仅有1 000亿人左右。

那么，根据哥特推论，选择这个宇宙队列中的一个人时，就会有极高概率选中银河系帝国居民。选中帝国兴盛前的边境地球人的概率仅为一亿分之一以下。

换言之，当未来银河文明建成时，笔者和各位读者都将成为极其特殊而稀少的地球人口。这太过不可思议，就相当于测定暗能量这种物理常量时，即使允许生命存在的范围为0~100，所得到的值也是极其特殊的0.000001一样。

因此，根据哥特推论，这个值反向导出的结论恐怕会令科幻迷们失望，因为它显示未来恐怕不会出现银河系大帝国的繁荣。

就算是瞎猜也无法否认

那么，哥特推论究竟是否值得信赖？

这种方法已经超出了概率、统计学教科书范围。它能够推测某个东西的未来，但不使用该事物的性质信息，反而利用了观测者什么时候观测它这一情形，让统计学者们哑口无言。它不依照概率来推断，说是瞎猜也无可厚非。

哥特推论也可以说是在没有其他推断方法的情况下的最后手段。

如果能发现除了智人之外的其他智慧生命，且能得到他们中有多少比例建立了银河系帝国或银河系共和国联邦的统计数据，那么不需要哥特推论也能得出智人征服银河系的准确概率。但现在我们没有这种数据，就很难否认智人如果不构筑银河系帝国，将最多在繁衍3 000亿人后走向末日。

当然，如果能在地球之外找到拥有智慧生命的天体，放弃哥特理论也无所谓。相比不明根据的哥特推论，该智慧生命能带给我们的确切信息显然更具有压倒性的优势。

即使没能发现智慧生命，只要在地球以外发现任何生命都需要大幅修正作为哥特推论基础的人类原理。

为什么其他生命需要修正人类原理？发现其他生命的那一天真的会到来吗？下一节将继续说明。

地球之外还有生命吗？

20世纪所学的知识已经落后于时代了

自从知道地球是一个星体以来，人类一直在想象其他星球上是否也有友人居住。数百年间，虽然这个空想一直未得到证实，但数百年来日益进步的观测技术正在逐步解开宇宙友人是否存在的秘密。

遗憾的是，我们还未在地球以外的天体中发现智慧生命或微生物，但到现在，"未发现"的意义已经改变了。

以前人类对于是否有火星人或金星人既无法调查，也无从了解，但自20世纪中叶起，我们能够将探测器送入太阳系内的行星和卫星，以此调查其是否具备让生命居住的环境。

此外，我们已经能用望远镜调查邻近恒星是否有行星围绕，并实际上发现了附近的行星。令人惊讶的是，进入21世纪后所发现的行星达到了约5 000颗。我们20世纪在学校所学习的知识已经彻底落后于时代了。

今后随着我们知识的提升，也许能够期待发现地球以外的行星或卫星中的生命。

向太阳系内发送探测器

研究者们相信，要有生命诞生就必须要有海，但在我们太阳系内被发现有海的星球只有地球。

天体要有海，也就是液体的水，首先需要有一定量的水存在于天体表面，并且温度和压力都要在合适的范围。

火星在数亿年前有过海存在的痕迹，但在漫长的岁月中，大气飞散于宇宙空间，现在气压极低，火星表面已经无法有液态的水存在了。如果将水倒入杯子后放到火星上的话，很快就会沸腾成为水蒸气。

金星表面也几乎没有类似于水的物质。并且大气（和火星相反）过多，由此产生的温室效应让地表接近500℃。如果放一杯水在这里的话，会变成既不像地球上的水，也不像水蒸气的流体，转瞬间飞散消失。

火星和金星都没有可能出现海的情景，所以研究者们试图寻找木星和土星的冰冻卫星的地下是否有液体的海，探寻那里是否有生命存在。

事实上，在往火星发送探测器之前，我们也曾期待过火星上有生物存在（现在仍有研究者还在期待），期待火星或木星上有类似气球状或水母一样的浮游生物在大气中飘荡（现在也没有否认），但如今更为期待土星或木星的卫星地下生存着热水生物集群。

这种梦想不发送探测器、不进行宇宙开发、不投入科学预算的话是没有任何实现可能的。但就像"狼来了"的故事中被欺骗的村民一样，如果研究者们期待着送入宇宙的探测器平安到达目标后带回最新成果，结果每次都没有发现生命，徒劳地消耗投资的话，又该怎么办呢？

太阳系外还有5 000颗行星

在向太阳系内发送探测器努力探索生命的同时，寻找太阳系外类地球行星的尝试也从未间断。

火星、金星、木星和土星等太阳系的天体虽然遥远，但与太阳系外动辄以几光年、几十光年计算的恒星相比算不了什么，加上探索附带的行星，简直是遥不可及的梦。但最近随着观测技术的巨大飞跃，已经开始逐步发现围绕远方恒星旋转的行星了。

尤其是进入21世纪之后，该领域的发展极为显著，到2017年，已经发现了约3 000颗太阳系外行星，包括候补行星在内的话则达到了约5 000颗。

而在20年前，人类还1颗都未曾发现。当时的研究者们还在争论是否我们所处的拥有大量行星的太阳系是宇宙中特殊的存在，而今却已经发现了5 000颗，并且以每天发现1颗的速度递增。显然，宇宙中充满了行星。

这5 000颗中的8颗是2009年由美国的开普勒宇宙望远镜所发现的（送往火星、金星、木星和土星的探测器也基本都是美国人发射的）。

开普勒望远镜长期监视着15万颗以上的恒星，而这15万颗中有一部分拥有行星。而行星中又有在沿着轨道公转时挡在恒星前方，导致恒星传向开普勒望远镜的光被遮挡的情况。捕捉到这短暂的遮挡就是被称作"渡越测定法"（Transit photometry）的行星检测方法。

但并不是所有行星的轨道都会刚好通过恒星前方。能被渡越测定法检测出来的行星据估计恐怕只占总量的0.1%。换句话说，每发现1颗行星，就意味着还有1 000颗左右未被发现。

渡越测定法虽然不是高效的测定方法，但基于乱枪打鸟的策略，开普勒望远镜还是一颗接一颗地检测出了行星，让人类了解的行星数量激增，并且让我们在20世纪所学到的知识落后于时代。

令人期待的类地球型行星的大气构成

开普勒望远镜和地上望远镜所发现的约5 000颗行星中是否有生命居住呢？是否有像地球这样具有海和大气的岩质行星呢？

现在人类已经发现了数十颗和地球承受相同日照量的小型岩质行星，但大气量还不可知。

而行星表面要有水存在，大气压比日照量更为重要。火星和金星都与地球日照量基本相同，但由于大气压不在合适的范围，所以不存在液态的水。不过也许是要解释这些详细内容太麻烦了吧，学者们将与地球同等日照量的小型岩质行星统称为地球型行星。

这种地球型行星上是否有生命呢？又该如何去调查呢？

其中一个可能实现的方法应该是调查大气构成。

地球的大气包含20%的氧，这是地球大气的特点，火星和金星大气中都不含氧。至于原因，是由于地球大气的氧来源于绿色植物的光合作用。

虽然还不能确信其他星球的植物能创造氧，但如果能发现氧或其他非自然成分的话，就能证明有植物存在。这有待今后观测技术的进步。

或者将来有可能也可以分析行星表面反射的光，以此调查相当于植物叶绿素的物质是否存在。

任何一种方法都需要观测技术的进一步飞跃。不过，考虑从争论太阳系外是否真有行星存在的时代到发现数十颗（还没有充足证据的）地球型行星的现在取得的科技进步，着手研究系外行星的大气成分恐怕也不是妄想。

也许发现地球外生命的那一天很快就会到来。

尝试询问宇宙人，人类原理是否正确

尝试在外星系发现生命时会发现，生命其实并不一定是"地球型行星"特有的产品。

我们的太阳系结构相当井然有序，水星、金星、地球和火星这样的小型岩质行星绕着太阳附近的轨道公转，木星和土星这种巨大气体行星则在远离太阳的轨道公转，更远处则是天王星和海王星这种巨大水行星。因此在发现系外恒星系的行星之前，人类认为任何地方的行星（如果存在的话）都应该是类似的结构。

然而，实际发现的系外行星有的是在恒星极近距离以平滑的椭圆形轨道飞速公转的巨大行星，与我们太阳系相似却又有不同的恒星系大量存在。这导致研究者们开始（欢欣鼓舞地）重新讨论行星系的生成过程。

这带给我们的启示是，人类不能再拘限于自己周围的狭小视野去推测宇宙，实际的宇宙具有更为丰富的变化，是我们难以想象的。因此，每次观测宇宙都会让我们震惊于自己想象力的贫乏。

在尝试分析宇宙生命的过程中，已经有过远超人类贫乏预想的存在了，也许也能在非"地球型"行星上发现生命，也许在没有海、大气、月亮和磁场的世界中也会诞生适应该环境的生命。

在不久的将来，当我们发现生命时，也许会为自己无比狭窄的眼界而瞠目结舌。

按笔者的想象，如果在与地球不尽相似的环境中发现生命的存在，应该会给人类原理带来巨大的冲击。

拥有适度的大气和温度，有大海、月亮和磁场等被我们视作宇宙恩惠的地球优势，也许最终不过是人类的自我陶醉。生命有可能在我们认为过于残酷的环境下仍然能诞生、适应并进化。

虽然外星的生命究竟是怎样的，目前还不得而知，但一味地认定他们和我们一样，未免太过狭隘了。

外星生命也许从分子阶段就与我们截然不同，在不同环境下经过不同的历史发展而成。甚至可能在质子-质子链反应阶段就连光明恒星和地球这样的元素构成都是不必要的。

这样的话，多元宇宙与超弦景观所描述的只有在完美环境下才能诞生生命的人类原理的依据将会崩塌。

要正确使用人类原理，也许只有观测多个系外生命，了解和调查生命究竟是怎样的存在、生命所必须的条件是什么。坐井观天的地球人只凭借观察自己来断言生命其实是极为滑稽而危险的。

未来当人类能与宇宙人进行对话时，人类原理这种人类思维可能会成为笑话，或者堪比笑话的宇宙行为，这是笔者既害怕却又十分期待的情形。

参考文献

乌云一

[1] Jacob D. Bekenstein, 1973. "Black Holes and Entropy", *Physical Review D*, vol. 7, No. 8, 2333.

[2] S. W. Hawking, 1974, "Black hole explosions?" *Nature*, vol. 248, 30.

乌云二

[1] A. Einstein, B. Podolsky, N. Rosen, 1935, "Can Quantum Mechanical Description of Physical Reality Be Considered Complete? " *Physical Review*, vol. 47, 777.

[2] N. Bohr, 1935, "Can Quantum-Mechanical Descriptionof Physical Reality Be Considered Complete? " *Physical Review*, vol. 48, 696.

[3] Hugh Everett, III, 1957, "Relative State" Formulation of Quantum Mechanics, *Reviews of Modern Physics*, vol. 29, No. 3, 454.

[4] Bryce Dewitt, R. Neill Graham, eds, 1973, "*The Many Worlds Interpretation of Quantum Mechanics*", *Princeton University Press*.

乌云四

[1] A.Einstein,1917, "Kosmologische Betrachtungen zur allgemeinen Relativitatstheorie", *Sitzungsberichte der Preussischen Akademie der Wissenschaften*, 142.

[2] Edwin Hubble, 1929. "A Relation between Distance and Radial Velocit among Extra-Gactic Nebulae", *Proc.N.A.S.*, vol. 15, no. 3, 168.

[3] Edward Arthur Milne, 1934, "A Newtonian Expanding Universe", *Quarterly Journal of Mathematics*, Vol. 5, 64.

[4] H. Bondi, T. Gold, 1948, "The Steady-State Theory of the Expanding Universe", *Monthly Notices of the Royal Astronomical Society*, vol. 108, 252.

[5] F. Hoyle, 1948, "A New Model for the Expanding Universe", *Monthly Notices of the Royal Astronomical Society*, vol. 108, 372.

[6] G. 伽莫夫著，崎川范行、伏见康治、镇日恭夫译《我们的世界线》（《宇宙=1、2、3…无限大》1992，白扬社）.

[7] R. A. Alpher, H. Bethe, G. Gamow, 1948, "The Origin of Chemical Elements", *Physical Review*, vol. 73, no. 7, 803.

乌云六

[1] Roger Penrose, 1989, "*The Emperor's New Mind*", Oxford University Press.

（日语版由林一译，书名《皇帝的新心》，1994年出版）

乌云七

[1] Pius XII, 1951. "The Proofs for the Existence of God in the Light of Modern Natural Science", *in Pontificiae Academiae Scientiarum Scripta Varia (Pontifical Academy of Sciences, 2003)*, no. 100, 130.

[2] Brandon Carter, 1974, "Large number coincidences and the anthropic principle in cosmology", *in Confrontation of Cosmological Theories with Observational Data. (ed.M.S Longair,Kluwer Academic Publishers)*, 291.

[3] J. Richard Gott III, 1993, "Implications of the Copernican principle of our future prospects", *Nature*, vol. 363, 6427, 315.